中等职业学校机械类专业通用

技工院校机械类专业通用（中级技能层级）

金属加工基础（彩色版）（第二版）习题册

邵明玲　主编

中国劳动社会保障出版社

简介

本书是中等职业学校机械类专业通用教材 / 技工院校机械类专业通用教材（中级技能层级）《金属加工基础》（彩色版）（第二版）的配套用书，并按其章节顺序编写，分为“学习引导”“课堂练习”“学习巩固”三部分，对于课堂教学和课后巩固知识具有较好的作用。

“学习引导”通过精心设计的具有趣味性的题目引导学生在课前思考相关问题，提高学生的学习兴趣；“课堂练习”精心设计了简单而具有概括性的问题，帮助学生掌握所学内容；“学习巩固”通过选择题、判断题、填空题、术语解释等多种题型来巩固所学知识。

本书由邵明玲任主编，崔兆华、李建民、夏兆纪、逯伟参加编写，张萌任主审。

图书在版编目（CIP）数据

金属加工基础（彩色版）（第二版）习题册 : 中等职业学校机械类专业通用 : 技工院校机械类专业通用 : 中级技能层级 / 邵明玲主编 . -- 北京 : 中国劳动社会保障出版社，2024. -- ISBN 978-7-5167-6759-7

Ⅰ. TG-44

中国国家版本馆 CIP 数据核字第 2024ZZ4362 号

中国劳动社会保障出版社出版发行

（北京市惠新东街 1 号　邮政编码：100029）

*

北京昌联印刷有限公司印刷装订　　新华书店经销

787 毫米 ×1092 毫米　16 开本　6.25 印张　144 千字

2024 年 11 月第 1 版　　2024 年 11 月第 1 次印刷

定价：13.00 元

营销中心电话：400-606-6496

出版社网址：https://www.class.com.cn

https://jg.class.com.cn

目 录

绪 论

学习引导

1. 根据用途不同，我们生活中用到的物品是采用不同的材料制成的，有些是用金属材料制成的，而有些则是用非金属材料制成的。你知道图 0–1–1 所示的物品是用什么材料制成的吗？其中用金属材料制成的物品，又是怎么加工出来的呢？

图 0–1–1

a）炒锅 b）水龙头 c）钥匙 d）凳子 e）水杯 f）工艺品

2．锤子是生产中的常见工具之一。图 0–1–2a 所示为錾口手锤，由锤头和锤柄两部分组成。锤头由金属制成，其加工过程如图 0–1–2b 所示。锤头加工成形后，为了延长锤头的使用寿命，通常还需要对锤头进行热处理，以提高锤头的硬度。你知道为什么要按照这样的顺序加工锤头吗？

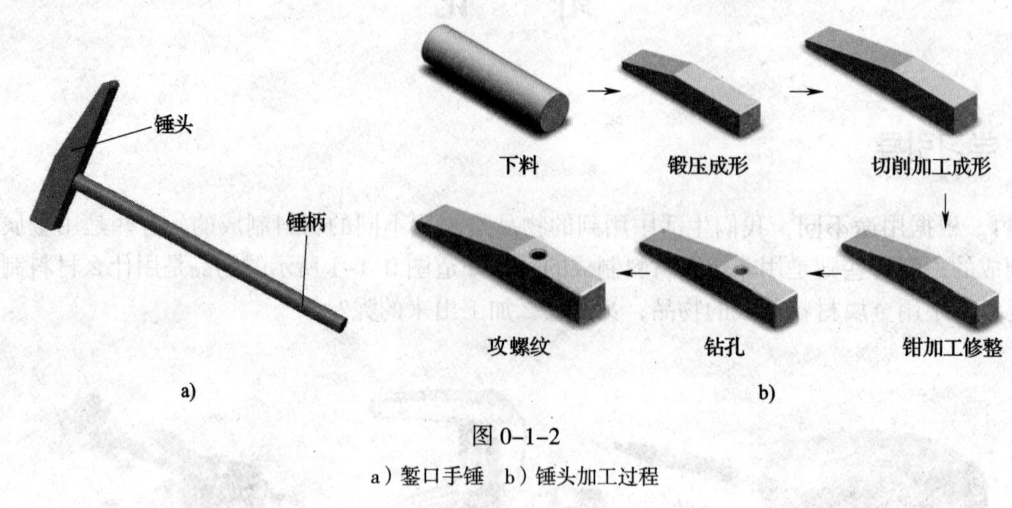

图 0–1–2

a）錾口手锤　b）锤头加工过程

3．在夏商时期，人们已经开始认识、加工及冶铸金属，用金属制作兵器、农耕用具及青铜器等，对当时的社会和经济发展起了很大的作用。这些成就都是建立在金属加工技术发展的基础上的。请谈谈金属加工对现代社会和经济发展的影响。

课堂练习

1. 什么是金属加工？金属加工包括哪些内容？

2. 将图示加工内容按工种用线连接起来。

金属热加工

金属冷加工

3. 无论什么金属制品都需经金属冷加工和金属热加工才能成为产品，你认为这句话对吗？

学习巩固

一、选择题（将正确答案的代号填写在括号内）

1.（　　）属于金属加工中的冷加工工种。

A．焊工　　B．铸工　　C．钳工　　D．锻压工

2．先进的加工技术往往依赖于关键的（　　）。

A．生产装备　　B．技术工人

C．生产管理者　　D．生产管理制度

3．在升降口等危险的处所，必须有安全设施和（　　）。

A．劳保设施　　B．安全标志

C．逃生设备　　D．接地保护

4．使用各种设备和仪器时应做到（　　）。

A．损坏就更换　　B．定期检修

C．坏了就停工　　D．可带故障作业

二、判断题（正确的打"√"，错误的打"×"）

1．金属加工包括从金属材料毛坯到制造成零件的全过程。（　　）

2．制造业中采用的主要加工方法是金属加工。（　　）

3．以高效节能为趋势的金属加工正在不断优化升级。（　　）

4．随着计算机技术的发展，金属加工装备的自动化程度得到极大提高，金属加工将朝着无人加工方向发展。（　　）

5．锻压工属于高温工种，工作中将金属经高温熔化后注入大小和形状不同的模具中成形，形成毛坯或零件。（　　）

6．金属加工过程中，各类机床操作必须严格遵守机床操作规程，避免发生人员、机床事故。（　　）

7．根据工作性质的不同，工作人员可以随意配备个人防护用品。（　　）

三、填空题（将正确答案填写在横线上）

1．金属材料是应用最为广泛的________。

2．利用各种手段对________进行加工从而得到所需要的________的过程，称为金属加工。

3．按照被加工金属在加工时的状态不同，金属加工通常分为_______和_______两大类。

4．形变热处理技术的应用，不但优化了________，提高了________，还大大降低了对热能的________。

5．各类设备和仪器不得超负荷和带故障作业，并做到________、________、________，不符合安全要求的陈旧设备应有计划地更新和改造。

6．电气设备和线路应符合国家有关________________。

7．电气设备应有________和________，绝缘性能良好，有可靠的________或________保护措施。

8．将________转变为________的全过程称为生产过程。

9．生产过程包括________过程、________过程和________过程。

10．改变生产对象的___________、___________和___________及___________等，使其成为_______________的过程称为工艺过程。

11．切削加工是用________从工件上切除________的加工方法。

12．规定产品或零部件________________和________等的工艺文件称为工艺规程。

四、应用题

1．请列举金属加工工种，并说明这些工种属于冷加工工种还是热加工工种。

2．假设你是一名车工，工作车间为冷加工车间，请尝试为车间编制安全文明生产规程。

第1章　金属材料及热处理基础

§1-1　金属材料的力学性能

学习引导

1. 弓箭是古代人类发明的一种以弓发射出具有锋刃的箭的兵器，如图1-1-1所示。弓箭的发明是人类技术的一大进步，说明人们已经懂得利用机械存储能量。当用力拉弦迫使弓体变形时，就把能量储存进去；松手释放后，弓体迅速恢复原状，同时把储存的能量猛烈地释放出来，将搭在弦上的箭有力地弹射出去。古代弓箭的弓体都以富有弹性的木材或竹子制作，当拉弦的力量太大时，弓体就会折断，这是为什么呢？如果采用金属材料制作弓体，是不是所有的金属材料都可以用呢？

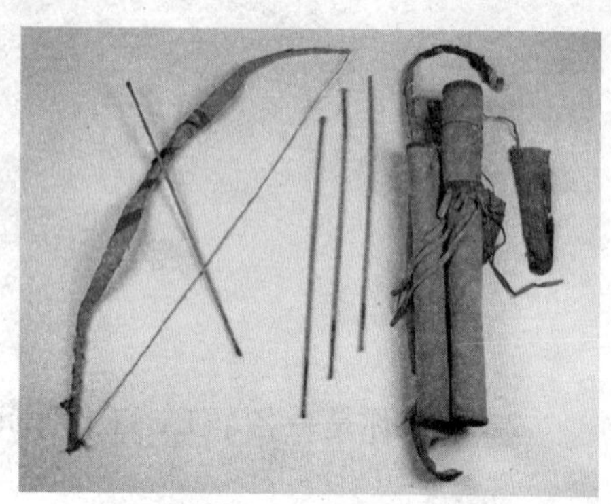

图1-1-1

2. 仔细观察图1-1-2，图中的汽车和铁轨都发生了什么现象？这些现象是如何产生的？

a)

b)

图1-1-2

3. 尝试做图 1–1–3 所示试验，分别折断一根筷子和一把筷子，你能说出折断筷子时的不同感受吗？如果将筷子换成金属丝再做同样的试验，又有哪些不同之处呢？

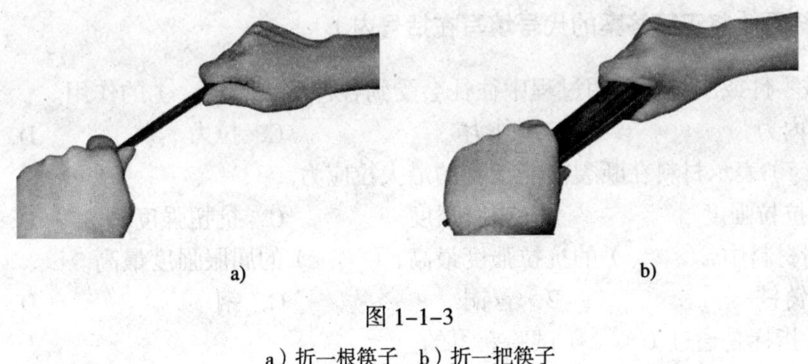

图 1–1–3

a）折一根筷子　b）折一把筷子

课堂练习

1. 在图 1–1–4 所示的力 – 伸长曲线图中，标出每一阶段的名称。

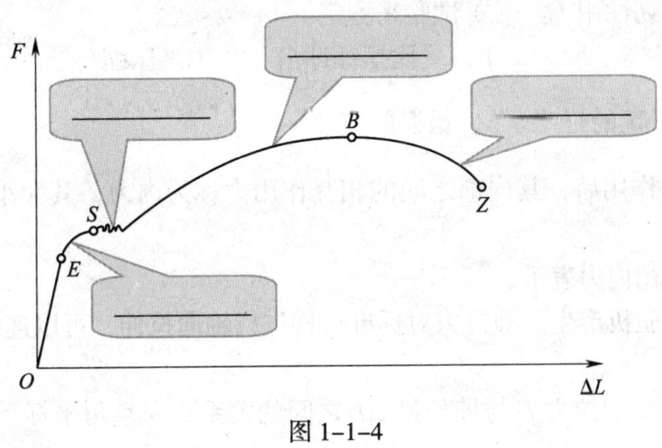

图 1–1–4

2. 洛氏硬度的标尺有三种，各用于测试不同材料的硬度，请用连线的方法将每一种硬度标尺与各自的测试材料连接起来。

学习巩固

一、选择题（将正确答案的代号填写在括号内）

1．机械零件或工具在使用过程中往往会受到各种形式（　　）的作用。

A．内力　　B．外力　　C．拉力　　D．压力

2．（　　）表示材料在断裂前能承受的最大拉应力。

A．抗拉强度　　B．屈服强度　　C．抗扭强度　　D．抗压强度

3．下列材料中，（　　）的抗拉强度最高，（　　）的屈服强度最高。

A．铸铁　　B．青铜　　C．钢　　D．木材

4．塑性指标是通过（　　）试验获得的。

A．拉伸　　B．压缩　　C．扭转　　D．煅压

5．常用的洛氏硬度标尺有 A、B、C 三种，其中（　　）标尺应用最广，常用来测试淬火钢等较硬材料的硬度。

A． A　　B．B　　C． C　　D．以上都可以

6．疲劳强度指标用疲劳极限来衡量，用（　　）表示。

A．R_{-1}　　B．R_1　　C．R_{-2}　　D．R_m

7．（　　）主要用于测试较薄材料和材料表面层硬度。

A．布氏硬度　　B．洛氏硬度　　C．维氏硬度　　D．冲击韧性

8．机床刀具可以将工件表面的金属切削下来，说明刀具硬度比工件的硬度（　　）。

A．高　　B．低　　C．无法衡量　　D．相等

9．材料的冲击韧性用（　　）试验来测定。

A．拉伸　　B．夏比摆锤冲击　　C．压缩　　D．以上都可以

二、判断题（正确的打“√”，错误的打“×”）

1．材料受外力作用后，其内部之间的相互作用力称为内力，其大小和外力相等，方向相反。（　　）

2．强度的大小用内力表示。（　　）

3．利用拉伸试验机产生的静拉力对标准试样进行轴向拉伸，可以连续测量变化的载荷。（　　）

4．依据拉伸试验中拉力 F 与伸长量 ΔL 之间的关系，在直角坐标系中绘出的曲线称为力－伸长曲线。（　　）

5．当零件表面所受作用力加大时，零件产生永久变形，这种变形称为弹性变形。（　　）

6．塑性好的材料受力时要先发生弹性变形，然后才会断裂。（　　）

7．布氏硬度值是球面压痕单位面积上所承受的平均压力，用 HV 表示。（　　）

8．维氏硬度试验因试验力小、压入深度浅、对测试表面要求高，故主要用于测试有色金属、软钢等较软材料的硬度。（　　）

9．硬度是金属材料的一项非常重要的力学性能指标。（　　）

10．C 硬度标尺主要用来测量硬质合金、表面淬火钢等材料的硬度。（　　）

11．机械零件在工作过程中，所受载荷的大小、方向随时间发生周期性变化，在金属材料内部会引起周期性波动的应力。（　　）

三、填空题（将正确答案填写在横线上）

1．衡量金属材料在外力作用下所表现出的力学性能指标的是________、________、________、冲击韧性和疲劳强度等。

2．材料承受外力的方式不同，其变形存在多种形式，所以材料的强度可以分为______、______、______、______、______等。

3．最常用的强度指标有______和______，它们都是通过______测定的。

4．切削铸铁零件时，切屑呈______状态，分离的金属没有产生______就碎裂了。

5．______和______的数值越大，说明材料在破坏前受外力所产生的永久变形越大。

6．______是衡量材料软硬程度的指标。

7．常用的硬度试验法有______试验法、______试验法和______试验法。

8．使用一定直径的淬火钢球或硬质合金球，以规定的______压入试样表面，并保持规定时间后卸除，然后通过______来计算布氏硬度。

9．机械零件在工作中往往会受到______的作用。

10．疲劳破坏是机械零件______的主要原因之一。

四、术语解释

1．力学性能

2．强度

3．塑性

4．硬度

5．冲击韧性

6. 疲劳强度

五、应用题

1. 将常用力学性能指标的符号、单位及含义填入表 1–1–1。

表 1–1–1

力学性能	性能指标			含义
	名称	符号	单位	
强度	抗拉强度			
	下屈服强度			
塑性	断后伸长率			
	断面收缩率			
硬度	布氏硬度			
	洛氏硬度（A、B、C 标尺）			
	维氏硬度			
冲击韧性	冲击韧度			
疲劳强度	疲劳极限			

2. 所有的金属材料都可以弯成所需的形状吗？金属材料在受外力的作用下发生断裂是因为金属材料的哪种指标达不到要求？

3. 用金属材料加工一个锤子，应采用塑性好的金属材料还是塑性差的金属材料？简述理由。

§1–2　黑色金属材料

学习引导

锅等厨具（见图 1–2–1），有的用一段时间就会生锈，有的却一直锃亮如新，你知道这是为什么吗？

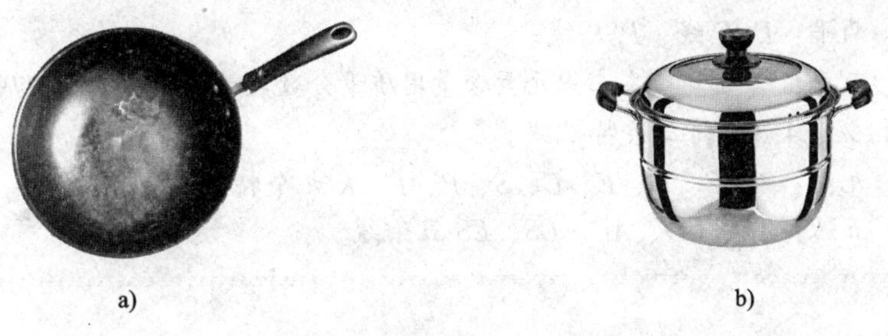

a)　　b)

图 1–2–1

a）生铁锅　b）不锈钢锅

课堂练习

1．请指出图 1–2–2 所示物品中哪些是用黑色金属材料制成的，哪些是用有色金属材料制成的。

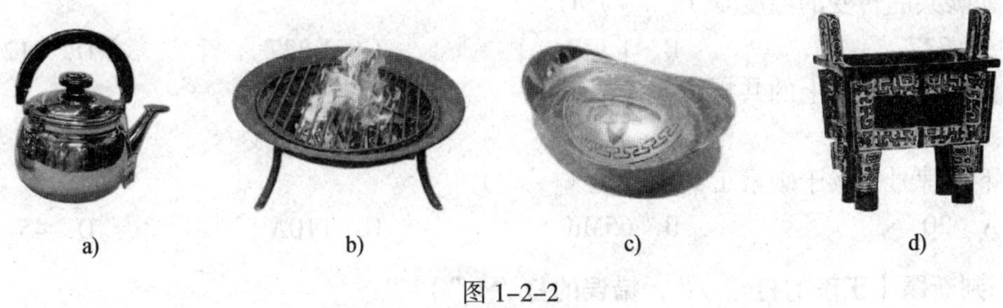

a)　　b)　　c)　　d)

图 1–2–2

a）水壶　b）炭火盆　c）元宝　d）后母戊鼎

2．请根据相图诀，绘出简化后的 Fe–Fe_3C 相图。

相图诀

温度成分建坐标，铁碳二元要记牢。
两平三垂标特点，九星闪耀五弧交。
共晶共析液固线，十二面里组织标。
基本组织先标好，相间组织共逍遥。
分析成分断组织，铸锻处理离不了。

注：

铁碳二元：铁（Fe）、渗碳体（Fe_3C）。

两平：*ECF* 线、*PSK* 线。

三垂：含碳量（本书中元素含量用质量分数表示）分别为 0.77%、2.11%、4.3% 的三条特性线。

九星：*A*、*C*、*D*、*E*、*G*、*S*、*P*、*F*、*K* 九个特性点。

五弧：*AC*、*CD*、*AE*、*GS*、*ES* 五条线。

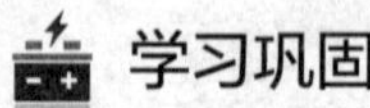

学习巩固

一、选择题（将正确答案的代号填写在括号内）

1. 渗碳体的含碳量为（　　）%。
   A. 0.77　　B. 2.11　　C. 6.69　　D. 4.30
2. 珠光体的含碳量为（　　）%。
   A. 0.77　　B. 2.11　　C. 6.69　　D. 4.30
3. 铁碳共晶转变的温度是（　　）℃。
   A. 727　　B. 1 148　　C. 1 227　　D. 912
4. 铁碳合金相图上的共析线是（　　）。
   A. *ECF* 线　　B. *ACD* 线　　C. *PSK* 线　　D. *ES* 线
5. 下列牌号中属于碳素工具钢的是（　　）。
   A. 20　　B. 65Mn　　C. T10A　　D. 45

二、判断题（正确的打“√”，错误的打“×”）

1. 渗碳体是铁和碳的混合物。（　　）
2. 灰铸铁是目前应用最广泛的一种铸铁。（　　）
3. 可锻铸铁比灰铸铁的塑性好，因此可以进行锻压加工。（　　）
4. 奥氏体的强度、硬度不高，但具有良好的塑性。（　　）
5. 渗碳体的性能特点是硬度高、脆性大。（　　）
6. T10 钢的平均含碳量为 10%。（　　）

三、填空题（将正确答案填写在横线上）

1．所谓金属，是指具有特殊________、________、________、________的物质。

2．金属材料种类繁多，通常把金属材料分为________和________两大类。

3．钢铁是现代工业中应用最为广泛的材料，其基本组成元素是________和________。

4．按冶炼脱氧程度的不同，非合金钢可分为________钢、________钢和________钢。

5．按结晶过程中石墨化的程度不同，铸铁可分为________铸铁、________铸铁和________铸铁。

6．铁碳合金相图是表示在缓慢冷却（或缓慢加热）条件下，不同________的铁碳合金的________或________随________变化的图形。

7．铁素体的性能特点是具有良好的________和________，________和________较低。

8．45 钢按用途分类属于________钢，按含碳量分类属于________钢，按质量分类属于________钢。

9．T12A 按用途分类属于________钢，按含碳量分类属于________钢，按质量分类属于________钢。

四、术语解释

1．08F

2．65Mn

3．Q235AF

五、简答题

1．根据 $Fe-Fe_3C$ 相图，回答下列问题：

（1）铁碳合金有哪五种基本组织？各有何性能特点？

（2）铁碳合金相图有哪些特性线？其含义分别是什么？

2．根据表 1–2–1 要求，简要归纳、对比各种合金钢的性能及主要用途。

表 1–2–1

类别	性能	主要用途
渗碳钢		
调质钢		
合金弹簧钢		
滚动轴承钢		
高速钢		
热作模具钢		

§1–3　有色金属材料

学习引导

1．铝及其合金在日常生活中比较常见，仔细观察图 1–3–1 所示产品，想一想，它们有哪些共同的性能特点？

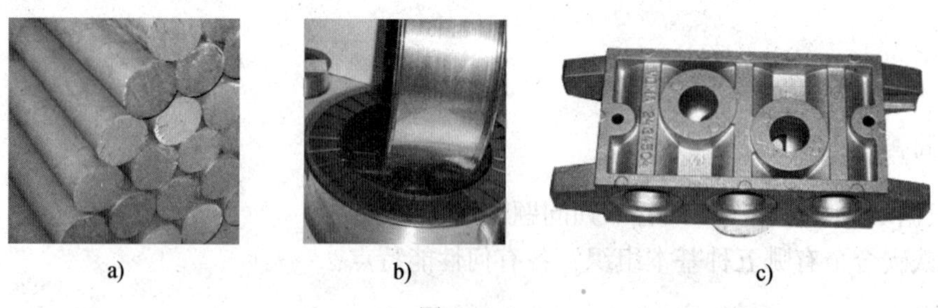

图 1–3–1

a）变形铝合金棒　b）铝合金焊丝　c）铸造铝合金产品

2. 随着工业的迅速发展，金属材料越来越多样化，出现了很多新型金属材料，被广泛应用在工业和民用产品中（见图 1-3-2）。请你通过资料和网络查询还有哪些新型金属材料，并说明它们的应用领域。

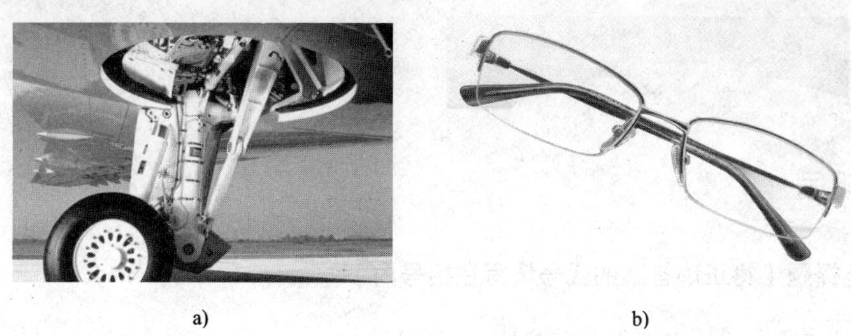

a)　　b)

图 1-3-2

a）钛合金飞机起落架　b）钛合金眼镜框

课堂练习

1. 图 1-3-3 所示物品分别是由金、银、铜、钢、铸铁等材料制成的，其中哪些物品是由有色金属材料制成的？

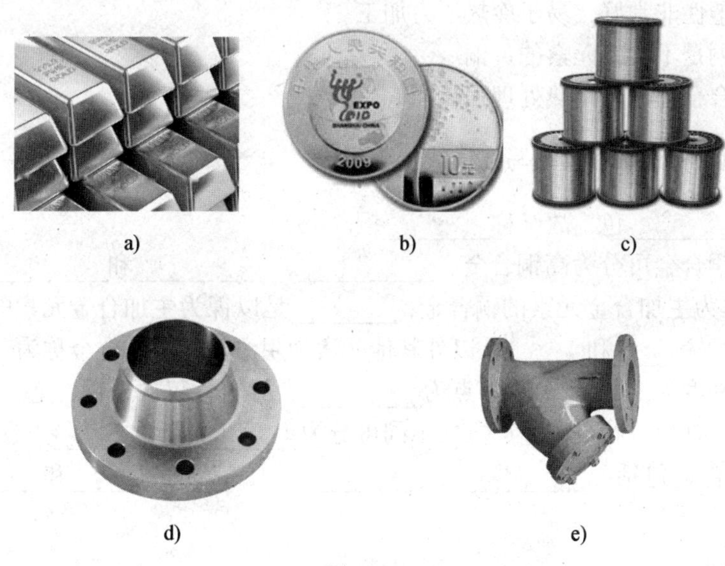

a)　　b)　　c)

d)　　e)

图 1-3-3

a）金制品　b）银制品　c）铜制品　d）钢制品　e）铸铁制品

2．想一想，家用熔断器（见图 1–3–4）中的熔丝是用什么材料制成的？能直接换成铜丝吗？为什么？

图 1–3–4

学习巩固

一、选择题（将正确答案的代号填写在括号内）

1．下列属于普通压力加工黄铜的是（　　）。

A．H68　　B．QSn4–3　　C．QBe2　　D．ZCuZn38

2．3A21 按工艺特点分属于（　　）铝合金。

A．铸造　　B．变形　　C．硬质　　D．锻

3．下列属于铸造铝合金的是（　　），属于超硬铝合金的是（　　）。

A．3A21　　B．2A10　　C．ZL101　　D．7A04

二、判断题（正确的打“√”，错误的打“×”）

1．纯铜的塑性非常好，易于冷热压力加工。（　　）

2．特殊黄铜是不含锌元素的黄铜。（　　）

3．变形铝合金都不能用热处理强化。（　　）

三、填空题（将正确答案填写在横线上）

1．纯铜呈________色，故又称________铜。

2．常用的铜合金可分为高铜合金、__________、__________和__________四类。其中：________是以锌为主加合金元素的铜合金；________是以镍为主加合金元素的铜合金；以铜为基体金属，除________和________以外其他元素为主添加元素的合金称为________。

3．纯铝的密度为_________，熔点为_________，导电性仅次于铜、金、银。

4．铝合金根据成分特点和生产方式不同可分为________和________。

5．铸造铝合金包括____________、____________、____________和____________等系列合金。

四、术语解释

1．T2

2．H68

3．2A11

五、简答题

1．简述纯铜的性能，并举例说明其牌号和用途。

2．举出 3~5 个生活中有色金属制品的例子，并说明其材料种类。

§1–4　工程塑料和复合材料

学习引导

塑料自研制成功以来，已经广泛应用于人们的日常生活，如图 1–4–1 所示的保鲜膜、玩具、手机外壳、自来水管等。请结合实际生活中的经验，谈谈你对上述几种塑料的认识，并描述它们的异同点。

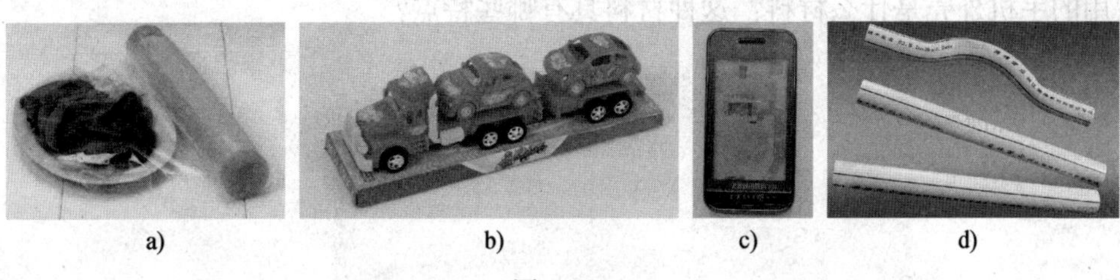

a)　b)　c)　d)

图 1–4–1

a）保鲜膜　b）玩具　c）手机外壳　d）自来水管

课堂练习

1. 用树状图画出工程塑料的分类。

2. 举例说明复合材料的主要应用。

学习巩固

一、选择题（将正确答案的代号填写在括号内）

1. 生活中，多用于制造塑料绳的材料是（　　）。

A. PE　　B. PP　　C. PVC　　D. PC

2. 俗称为“电木”的材料是（　　）。

A. PF　　B. EP　　C. PTFE　　D. ABS

二、填空题（将正确答案填写在横线上）

1. 塑料是以__________为主要组分，加入用来改善其________性能和________性能的添加剂而制成的材料。

2. 按树脂的性质不同，塑料可分成__________和__________。

3. 常用的纤维复合材料有____________________和____________________。

三、简答题

1. 随着科技的发展，工程塑料在生活中的使用也越来越广泛，如人们常用的手机外壳。你所使用的手机外壳是什么材料？这种材料具有哪些特点？

2．什么是玻璃钢？它有哪些优点？请说出在生活中哪些场合用到了玻璃钢。

§1–5　钢的热处理

学习引导

1．在小说《三国演义》中，青龙偃月刀（见图1–5–1）为关羽所使用的兵器，书中描述青龙偃月刀重八十二斤，又名冷艳锯。根据文献记载及出土文物，偃月刀在宋朝开始出现。如果你是制刀师傅，应采用什么样的方法制作偃月刀呢？

图1–5–1

2．在教师的指导下，从废旧的圆珠笔中找一根弹簧（见图1–5–2），在炉子上将弹簧烧红，然后自然冷却，这时按压弹簧时，弹簧会发生什么变化？将该弹簧重新烧红并迅速放入水中，再次按压弹簧，弹簧出现什么变化？你知道弹簧为什么会产生这些变化吗？

图1–5–2

课堂练习

1. 钢的热处理方法主要有哪些？其主要目的是什么？

2. 在钳工实习中使用的划线平板通常是用铸铁制成的。划线平板的加工一般采用热加工与冷加工结合的加工方法。在热加工过程中，材料由于冷缩变形而产生残留应力，这种应力会使平板在使用中产生变形现象。要消除该应力，应采用什么样的热处理工艺？请说出具体过程。

学习巩固

一、选择题（将正确答案的代号填写在括号内）

1. 热处理之所以能使钢的性能发生变化，是因为钢在加热和冷却过程中材料（　　）发生了变化。

A．表面组织　　B．种类

C．内部组织　　D．形状

2. 钢加热到一定温度后，在冷却速度不同的情况下，（　　）发生了不同的变化。

A．内部组织　　B．材料类型　　C．颜色　　D．状态

3.（　　）主要用于中碳钢及低、中碳合金结构钢的锻件、铸件、热轧型材等材料的退火热处理。

A．完全退火　　B．球化退火

C．去应力退火　　D．不完全退火

4.（　　）回火主要用于弹性零件及热锻模具等的热处理。

A．低温　　B．中温

C．高温　　D．中温 + 高温

5. 淬火的冷却速度（　　），容易使工件产生变形及裂纹。

A. 快　　B. 慢　　C. 一般　　D. 不快不慢

6.（　　）淬火主要用于碳素工具钢制造的易开裂的较小工件。

A. 单液　　B. 双介质　　C. 分级　　D. 等温

7. 生产中一般以工件所需的（　　）来决定回火温度。

A. 强度　　B. 冲击韧性　　C. 硬度　　D. 塑性

8. 火焰加热表面淬火的淬硬层深度一般为（　　）。

A. 1~3 mm　　B. 2~6 mm　　C. 10 mm 以内　　D. 10~15mm

9.（　　）的化学热处理方法应用广泛，常用于汽车和机床上的齿轮、蜗杆和轴类等零件。

A. 渗碳　　B. 渗氮　　C. 碳氮共渗　　D. 渗硅

10. 表面热处理常用的方法是（　　）。

A. 表面淬火　　B. 回火　　C. 正火　　D. 退火

11. 在热处理时，炉内存有氧化气氛，使钢的表面氧化与脱碳，有时会严重降低钢的表面质量和力学性能。因此，对一些重要的零件需采用（　　）热处理方法。

A. 保护气氛　　B. 真空　　C. 流态层　　D. 激光

二、判断题（正确的打“√”，错误的打“×”）

1. 通过热处理可使钢更广泛地适应和满足不同加工方法及使用性能的要求。（　　）

2. 热处理可以改变工件的形状和尺寸，同时可以改变其性能。（　　）

3. 正火的目的是消除毛坯、构件和零件的内应力。（　　）

4. 对于力学性能要求不高的普通结构零件，正火可作为最终热处理。（　　）

5. 正火的冷却速度比退火快，所以正火后得到的组织比较细密，强度、硬度比退火钢高。（　　）

6. 钢进行淬火后其组织处于不稳定状态，会自发地向稳定组织转变。（　　）

7. 退火与正火通常是在工件机械加工之后进行的。（　　）

8. 淬火的冷却速度一定要快，否则零件达不到要求的硬度。（　　）

9. 回火后的组织处于不稳定状态，会自发地向稳定组织转变，从而引起零件变形甚至开裂。（　　）

10. 将工件加热到一定温度，并在较短时间内进行的时效处理，称为人工时效处理。（　　）

11. 感应加热表面淬火质量好，工件获得的硬度比普通淬火高。（　　）

12. 火焰淬火加热速度快，淬火质量好，淬火操作便于实现机械化和自动化。（　　）

13. 形变热处理是一种操作方便、容易维护、无公害的热处理方法。（　　）

14. 高温形变热处理可用于加工余量不大的锻件或轧件。（　　）

15. 与其他热处理工艺相比，化学热处理不仅改变了钢的组织，而且改变了其表层的化学成分，因而能更加有效地改变工件表层的性能。（　　）

三、填空题（将正确答案填写在横线上）

1. 钢的加热和冷却条件不同，其内部组织发生的变化也不同，得到的性能也不同，所以通过________可以使钢更广泛地适应和满足不同加工方法及使用性能的要求。

2．热处理是采用适当的方式对________材料进行加热、保温和冷却，以获得所需要的________和________的工艺。

3．采用不同的热处理方法的目的是根据________和________，获得相应的组织和性能。

4．根据加热温度和目的的不同，常用的退火方法有______、______和______三种。

5．淬火方法可分为________、________、________和________四种。

6．采用等温淬火，工件能获得较高的________和________，较好的________和________，显著减小________和________。

7．回火可分为________、________和________三种。

8．生产中把淬火和高温回火相结合的热处理工艺称为________。

9．时效处理的目的是消除工件的________，稳定组织和________，改善________等。

10．生产中最常用的表面热处理方法是________和________。

11．根据热处理的目的和工序位置不同，热处理可分为________热处理和________热处理两大类。

12．真空热处理可防止工件的________与________，并能使工件表面氧化物、油脂迅速分解，得到光亮的表面。

四、术语解释

1．退火

2．正火

3．淬火

4．回火

5．时效处理

五、应用题

1. 根据热处理的分类原则，将下列热处理方法用连线的方式进行对应。

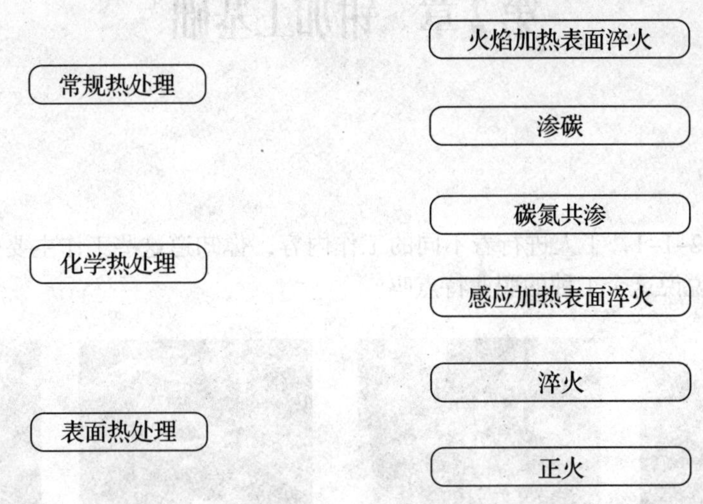

2. 加工图 1–5–3 所示零件，材料为 40Cr，安排加工工艺如下：

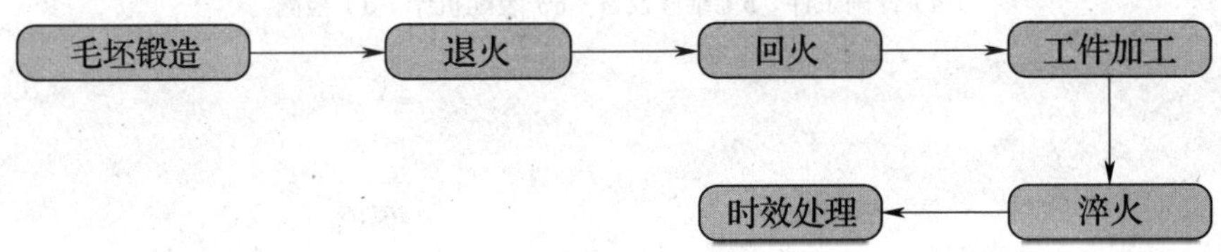

这样的加工工艺是否合理？如果不合理，你能提出改进方法吗？简述理由。

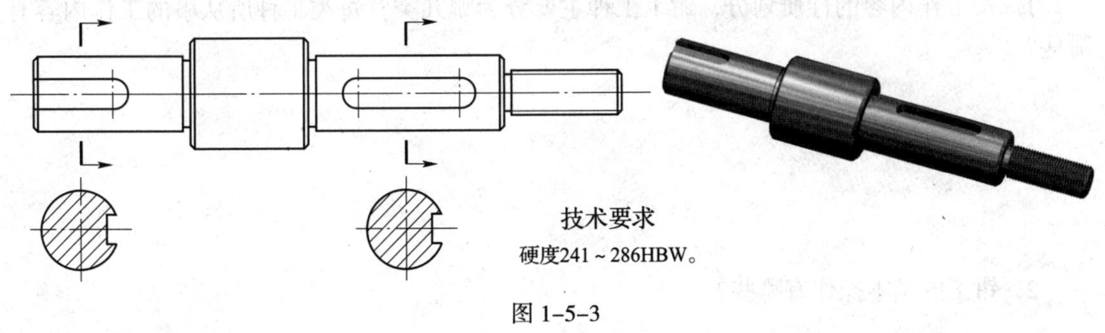

图 1–5–3

第2章　钳加工基础

学习引导

仔细观察图 2-1-1，工人进行着不同的工作内容，你知道这些工作主要是靠什么工种来完成的吗？你能说说这个工种的职业特点吗？

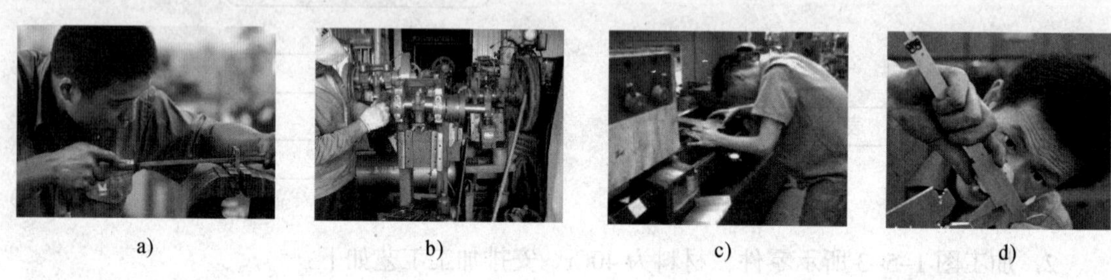

a)　b)　c)　d)

图 2-1-1

a）锉削工件　b）维修设备　c）装配机床　d）检测

课堂练习

1. 按工作内容的性质划分，钳工工种主要分为哪几类？每类工种所从事的工作内容有哪些？

2. 钳工的基本操作有哪些？

学习巩固

一、选择题（将正确答案的代号填写在括号内）

1.（　　）是使用钳工工具或设备（如钻床），按技术要求对工件进行加工、修整、装配的工种，主要从事机器或部件的装配、调整工作和一些零件的加工操作。

A．普通钳工　　B．机修钳工　　C．工具钳工　　D．模具钳工

2．金属加工过程中，一些采用机械方法不适宜或不能解决问题的加工，都可由（　　）来完成。

A．焊工　　B．钳工　　C．铸工　　D．车工

3.（　　）是钳工专用的工作台，用于安装台虎钳并放置工件和工具。

A．课桌　　B．钳桌　　C．台虎钳　　D．平板

4.（　　）是用来对工件进行孔加工操作的设备。

A．车床　　B．铣床　　C．钻床　　D．刨床

5．砂轮机主要用来磨削钳工刀具或工具，也可用来修磨（　　）零件。

A．小型　　B．中型　　C．大型　　D．复杂

6．台虎钳是用来夹持工件的（　　）夹具。

A．专用　　B．通用　　C．万能　　D．组合

7.（　　）台虎钳便于调整工作位置，应用广泛。

A．固定式　　B．回转式　　C．可倾斜式　　D．以上都可以

8．钳工工作台上使用的照明电压不得超过（　　）V。

A．36　　B．220　　C．380　　D．550

9．钳工工作台装上台虎钳后，钳口高度应以恰好到达人的（　　）高度为宜。

A．手肘　　B．腰部　　C．胸口　　D．肩膀

二、判断题（正确的打“√”，错误的打“×”）

1．工具钳工主要使用工具、量具及辅助设备，对各类设备进行安装、调试和维修。（　　）

2．钳工常用的划线工具包括划线盘、划规、划针、样冲以及平板等。（　　）

3．麻花钻、锪钻等工具是钳工进行攻螺纹加工时的常用工具。（　　）

4．钳工进行刮削操作时常用的刮刀分为平面刮刀和曲面刮刀两种。（　　）

5．钳工工作时必须穿好工作服，袖口、衣服要扣好。（　　）

6．钳工工作台上的杂物要及时清理，工具、量具和刃具要分开放置。（　　）

7．摆放工具时，工具可以伸出钳工工作台边缘。（　　）

三、填空题（将正确答案填写在横线上）

1．在实际生产过程中，钳工主要承担____________、____________、____________、____________等加工任务。

2．按工作内容的性质划分，钳工工种主要分为________、________和________三类。

3．机修钳工主要从事各种机械设备的________和________工作。

4．钳工进行錾削操作时，所使用的常用工具有________和________。

5．钳工常用的钻床主要有________、________和________。

6．钳工常用的砂轮机主要有________砂轮机和________砂轮机两种。

7．回转式台虎钳上半部分能围绕转座做________的转向。

8．钳工操作时必须穿好工作服，并做到“三紧”：________、________和________。

四、应用题

1．观察图 2–1–2 和图 2–1–3，你能找出图中哪些不符合钳工操作规范要求的地方？

图 2–1–2

图 2–1–3

2．图 2–1–4 所示的操作方法正确吗？如果不正确，请指出违反了安全文明生产要求的哪些要求。

图 2–1–4

第3章　热加工基础

§3-1　铸　　造

学习引导

1．永乐大钟是中国现存最大的青铜钟，它铸造于明永乐年间，铜钟通高为6.75 m，钟壁厚度不等，最厚处为185 mm，最薄处为94 mm，质量约为46 t。钟体内外遍铸经文，共22.7万字。

永乐大钟钟声悠扬悦耳，经专家测试，其声音振动频率与音乐上的标准频率相同或相近，轻击时，圆润深沉；重击时，浑厚洪亮，音波起伏，节奏明快优雅。声音最远可传45 km，尾音长达2 min以上，令人称奇叫绝。每年新年来临之际，人们就会敲响永乐大钟。这口大钟已被敲击了五百多年，仍完好无损。

永乐大钟的铸造成功，是世界铸造史上的奇迹。你知道什么是铸造吗？铸造这样大型的青铜器，一般的铸造器具已经无法完成，你能想出解决办法吗？

2．你知道冰棒是如何制作的吗？将奶油、水果、水及其他调料调和，倒入预制的各种形状的模型中，放入冷冻箱冷冻，再将其从模型中取出，就制成了我们所喜爱的各种不同形状和口味的冰棒，如图3–1–1所示。

图3–1–1

如图 3–1–2 所示的汽车轮毂和图 3–1–3 所示的电动机机座都是利用金属制成的，你知道这些金属制品是怎么制成的吗？能利用制作冰棒的原理来制作这些物品吗？

图 3–1–2

图 3–1–3

课堂练习

1．大型箱体类零件、轴瓦及形状复杂的镂空工艺品，分别采用哪种铸造方法进行铸造较为合适？简要说明理由。

2．根据图 3–1–4 写出砂型铸造的工艺过程。

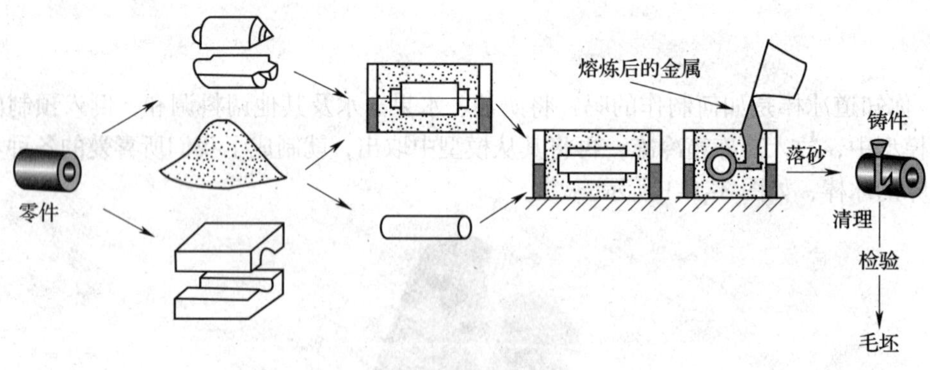

图 3–1–4

学习巩固

一、选择题（将正确答案的代号填写在括号内）

1．铸造组织疏松，晶粒粗大，内部易产生缩孔、缩松、气孔等缺陷，会导致铸件的力学性能特别是（　　）低，铸件质量不够稳定。

A．冲击韧性　　B．抗压强度

C．抗拉强度　　D．抗扭强度

2．液态金属浇入铸型时所测量到的温度称为浇注温度。浇注温度是铸造过程中必须控制的质量指标之一。通常灰铸铁的浇注温度为（　　）℃。

A．1 500~1 880　　B．1 200~1 380

C．1 000~1 180　　D．800~1 000

3．（　　）用于非铁合金铸件的成批生产。铸件不宜过大，形状不宜过于复杂，铸件壁不能太薄。

A．金属型铸造　　B．压力铸造

C．熔模铸造　　D．砂型铸造

4．（　　）省去起模、制芯、合型等工序，大大简化了造型工艺，并减少了因起模、制芯、合型而产生的铸造缺陷及废品。

A．金属型铸造　　B．压力铸造

C．消失模铸造　　D．熔模铸造

二、判断题（正确的打“√”，错误的打“×”）

1．由于铸件的力学性能不高，因此只用于制造承受压力不大的零件。（　　）

2．型砂是制造砂型的主要材料。（　　）

3．铸造操作人员必须按规定穿戴好个人防护用品。（　　）

4．芯砂是用来制造铸型的材料。（　　）

5．型砂是由原砂、黏土和胶水混制而成的。（　　）

6．砂芯的制造方法应根据砂芯尺寸、形状、生产批量及具体的生产条件选择。（　　）

7．合型时要保证铸型型腔几何形状、尺寸的准确及型芯的稳固。（　　）

8．浇注是使金属由固态转变为熔融状态的过程。（　　）

9．凡是将合金加热成熔融态，然后注入铸型的空腔待其冷却凝固后获得铸件的生产方法均称为铸造。（　　）

10．冒口不仅是浇注液态金属的通道，而且起到排气、集渣的作用。（　　）

11．浇注时可以保持浇口杯半充满状态，并且允许中断浇注。（　　）

12．机器造芯生产率高，紧实度均匀，砂芯质量好。（　　）

13．金属型铸造是将液态金属浇入金属铸型，液态金属在空气作用下充满铸型的铸造方法。（　　）

14．对于铸造的安全文明生产知识，可以在实践中学习。（　　）

15．压力铸造用于有色金属合金的中、小型薄壁铸件的大批生产。（　　）

16. 熔模铸造铸件精度高、表面质量好。（ ）

17. 陶瓷型铸造是用陶瓷浆料制成铸型以生产铸件的铸造方法。（ ）

18. 离心铸造可以用于铸造非圆形零件。（ ）

三、填空题（将正确答案填写在横线上）

1. 铸造的主要优点是可以生产出________，特别是具有________的零件毛坯。

2. 特种铸造主要包括________、________、________、________等。

3. 铸造过程中________、________、________等要码放整齐，防止倾倒伤人。

4. 砂型铸造尺寸精度________、质量________、容易形成________，不适用于铸件精度要求较高的场合。

5. 制造砂型时使用模样可以获得与零件外部轮廓________的型腔。

6. 常用的铸造砂有________、________、________、________、________等。

7. 造型的方法可分为______________________造型和______________________造型两类。

8. 陶瓷铸型的材料与熔模铸造的型壳相似，故铸件的精度和表面质量与熔模铸造相当，但陶瓷型铸造与熔模铸造相比，________、________、________、铸件大小基本不受限制。

四、应用题

1. 图 3–1–5 所示为某铸造车间的工人正在进行铸造加工，仔细观察图中工人的操作，你能发现有哪几处操作不符合铸造安全文明生产要求？简要说明整改措施。

图 3–1–5

2．不同形状和结构的零件，采用的铸造方法也不同。请根据图 3–1–6 所示零件的特征，选择合适的铸造方法，并填写在横线上。

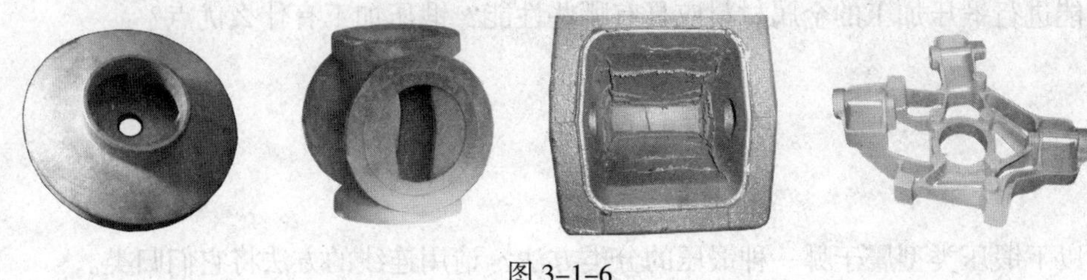

图 3–1–6

__________　__________　__________　__________

3．2 000 多年前铸造的“越王勾践剑”（见图 3–1–7）至今仍锋利无比，古人的铸造工艺令人叹为观止。请查阅与“越王勾践剑”的铸造材料和铸造工艺相关的资料，并谈谈自己的体会。

图 3–1–7

§3–2　锻　压

学习引导

成语“趁热打铁”的意思是趁着铁烧热时立刻锤打，比喻抓住有利时机，加紧行事不拖延。为什么要趁热打铁呢？铁的强度与温度有关，温度越高，强度越低，也就越容易锤打成形。如图 3–2–1 所示，工人在用锤子敲打加热的金属以获得所需形状的产品。在加工过程中金属的加热温度是不是越高越好？是否只需经一次加热并锤打就能获得所需的产品呢？

图 3–2–1

课堂练习

1．能进行锻压加工的金属材料应具有哪些性能？锻压加工有什么优点？

2．以下锻压类型属于哪一种锻压的分类方法？请用连线的方法将它们归类。

按成形方式分类　　　　按变形温度分类

自由锻　温锻压　冷锻压　冲压　等温锻压　热锻压　模锻

3．填写图 3-2-2 中冲压模具完成的冲压工序名称。

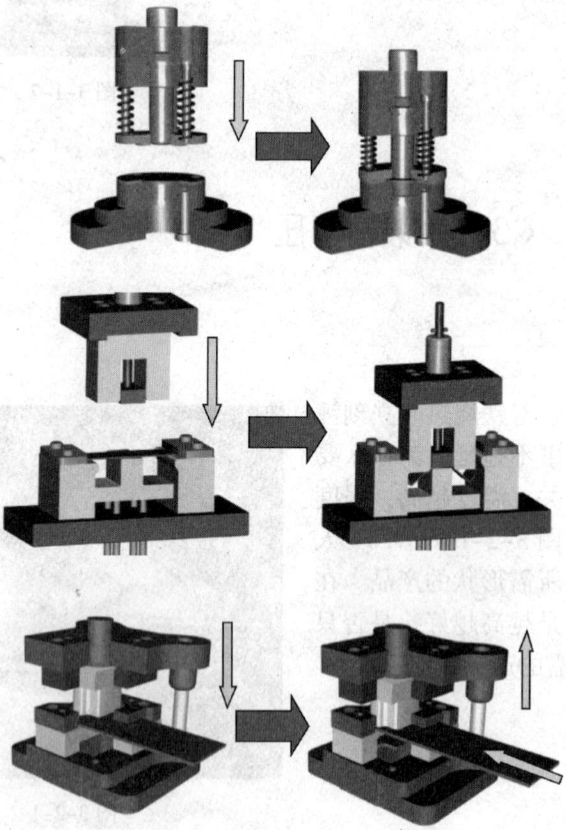

名称：＿＿＿＿＿＿

名称：＿＿＿＿＿＿

名称：＿＿＿＿＿＿

图 3-2-2

学习巩固

一、选择题（将正确答案的代号填写在括号内）

1.（　　）依靠操作者的技术控制锻件的形状和尺寸，锻件精度低，表面质量差，金属消耗多。

A．自由锻　　B．模锻　　C．冲压　　D．胎膜锻

2．镦粗是对毛坯沿轴向锻打，使其高度降低、横截面面积增大的操作过程。镦粗部分的长度与直径之比应小于（　　），否则容易镦弯。

A．2.5　　B．3　　C．1.5　　D．2

3.（　　）的生产率和锻件精度比自由锻高，可锻造形状复杂的锻件，但需要专用设备，且模具制造成本高，只适用于大批生产。

A．自由锻　　B．模锻

C．冲压　　D．手工自由锻

4．常用的板料材料为低碳钢，不锈钢，铝、铜及其合金等，它们的塑性好，变形抗力小，适用于（　　）加工。

A．自由锻　　B．模锻　　C．冲压　　D．车削

5．粉末锻造生产率高，每小时可生产（　　）件。

A．500~1 000　　B．1 000~1 200

C．1 800~2 000　　D．2 000~3 000

二、判断题（正确的打"√"，错误的打"×"）

1．锻压能改善金属内部组织，提高金属的力学性能。（　　）

2．锻压能获得形状复杂的制件。（　　）

3．自由锻可以锻造质量超过 3 000 t 的锻件。（　　）

4．各种钢的始锻温度是不相同的。（　　）

5．汽车上的曲轴可以采用自由锻制造。（　　）

6．自由锻时，锻件的形状是一次成形的。（　　）

7．锻压生产成本比铸造低。（　　）

8．模锻与胎膜锻相比具有模具结构简单、易于制造的特点。（　　）

9．自由锻拔长时，每次送进量 L 应为砧宽 B 的 30%~70%。（　　）

10．自由锻主要用于品种多、产量不大的单件或小批生产，也可用于模锻前的制坯。（　　）

11．厚度较小的毛坯冲通孔时，一般采用单面冲孔法。（　　）

12．拔长是使毛坯的横截面面积增加、长度减小的工序。（　　）

13．落料和冲孔是使材料分离的工序，过程一样，只是用途不同。（　　）

14．锻压设备操作前必须进行空运转试车，确认一切正常后方可开始工作。（　　）

15．所有的金属材料都可以进行锻压加工。（　　）

16．锻造毛坯加热的目的是获得一定形状和尺寸的毛坯或零件。（　　）

17．板料冲压中，冲孔和落料都是用冲模使材料分离的过程，如果冲下的部分是有用的，则该工序称为冲孔。（　　）

18．加热锻造材料时，其温度越高越好。（　　）

19．弯形就是使工件获得各种不同形状的弯角。（　　）

三、填空题（将正确答案填写在横线上）

1．锻压就是对金属毛坯施加外力，使其产生________，改变尺寸、形状及改善性能，用以制造机械零件、工件或毛坯的成形加工方法。

2．按成形方式分，锻压可分为________、________和________三大类。

3．自由锻常用的机械设备有________、________、________等。

4．镦粗可分为________和________两大类。

5．冲压的基本工序主要有________和________。

6．板料冲压是利用冲模使板料分离或产生变形的加工方法，常用的板料有________、________、________等。

7．将加热后的毛坯放在锻模的模腔内，经过锻造，使其在模腔所限制的空间内产生塑性变形，从而获得锻件的锻造方法称为________。

8．金属材料在一定的温度范围内，其塑性随着温度的上升而________，变形抗力则________，用较小的变形力就能使材料稳定地改变形状而不出现破裂，所以锻造前通常要对工件________。

9．圆形截面毛坯拔长时，应先锻成________，在拔长到边长接近锻件直径时，锻成八角形截面，最后倒棱滚打成圆形截面。这样拔长的效率高，且能避免引起中心裂纹。

10．切断方形截面的毛坯时，先使剁刀垂直切入毛坯，至快断开时，将毛坯________，再用剁刀或压棍将毛坯截断。

11．冲压技术不断发展，与________、________、________相结合，形成不仅适用于大批生产，而且可以进行小批生产、应用更为广泛的数控冲压技术。

四、应用题

1．有一种观点认为：锻造只能用来制作零件毛坯，不能用来制造精度较高的零件。你对这一观点有不同的看法吗？如果有，请说说你的理由。

2．生活中的很多物品是由冲压制成的，你能判断出图 3-2-3 中哪些物品在加工过程中使用了冲压加工技术吗？

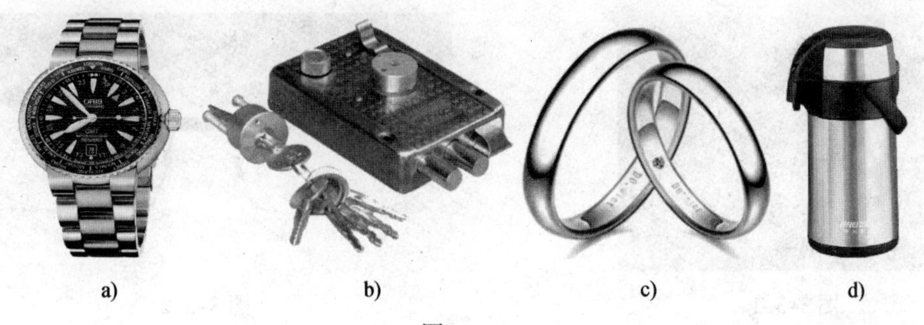

a)　　b)　　c)　　d)

图 3-2-3

a）手表　b）防盗锁　c）戒指　d）保温壶

3．加工如图 3-2-4 所示曲轴零件时应该选择铸造还是锻造？简述理由并分析这两种不同的加工方法制造的曲轴其力学性能有何区别。

图 3-2-4

§3-3　焊　　接

学习引导

1．2008 年，第 29 届夏季奥运会在北京举行，主体育场“鸟巢”（见图 3-3-1）是一项建筑奇迹。“鸟巢”的主体结构由钢架组成，你知道这些钢架是采用什么方法连接起来的吗？

生活中，我们使用的眼镜常常由于某些外力造成眼镜框断裂（见图 3–3–2），可采用什么方法修复断裂的眼镜框呢？

图 3–3–1

图 3–3–2

2. 图 3–3–3 所示的产品形状和特点不同，制作的材料也不同，你知道这些材料最大的不同点是什么吗？哪些材料可以进行焊接加工？

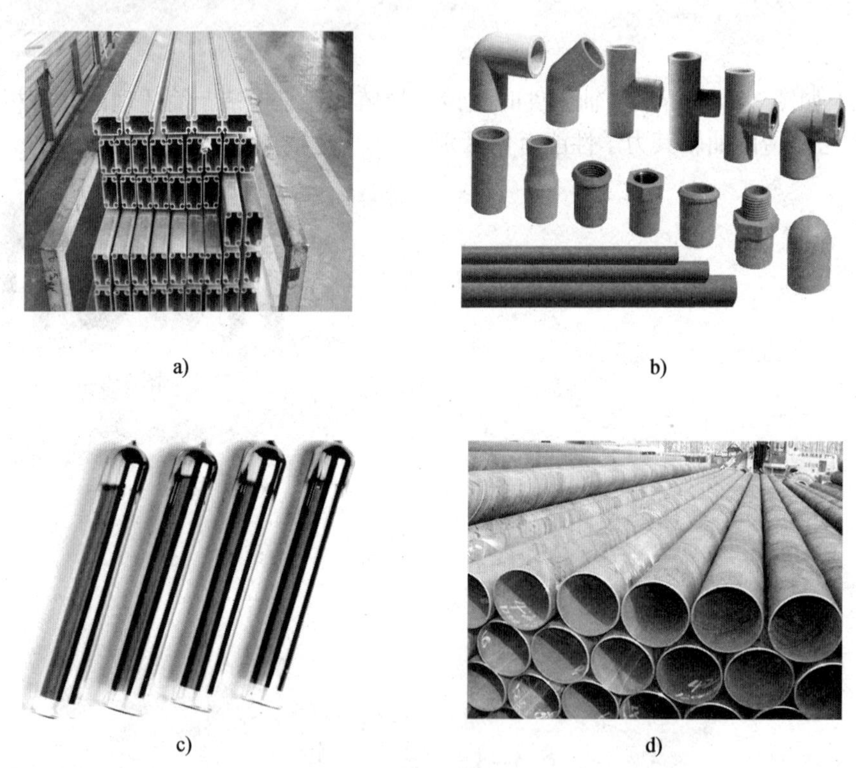

a)　　b)　　c)　　d)

图 3–3–3

a）铝合金型材　b）塑料管　c）玻璃管　d） 钢管

课堂练习

1. 根据图片填写名称。

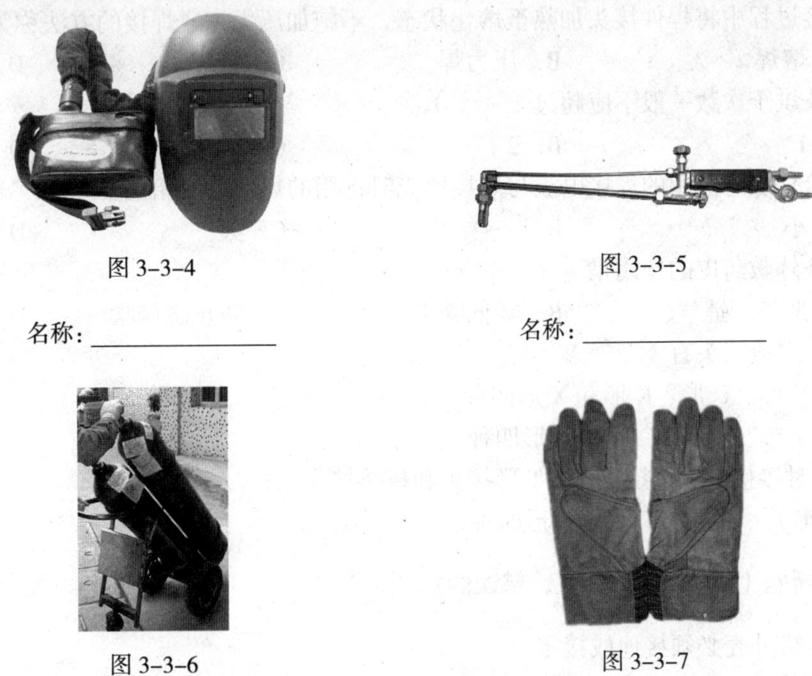

图 3-3-4

名称：________________

图 3-3-5

名称：________________

图 3-3-6

名称：________________

图 3-3-7

名称：________________

2. 写出图 3-3-8 所示焊接接头形式。

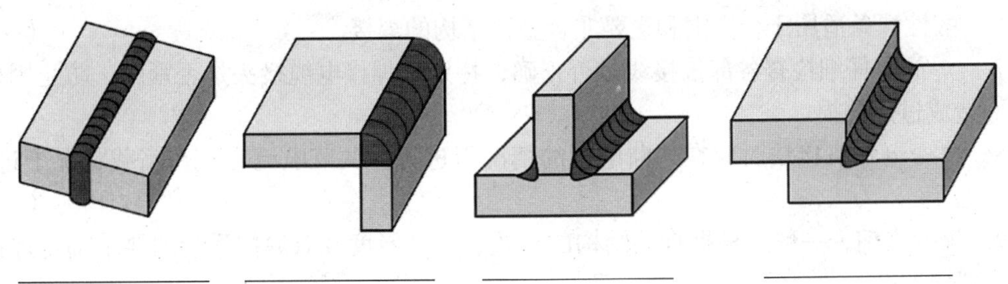

________________ ________________ ________________ ________________

图 3-3-8

3. 进行焊条电弧焊时，焊条的直径和焊接电流应怎样选择？

学习巩固

一、选择题（将正确答案的代号填写在括号内）

1. 焊接过程中将焊件接头加热至熔化状态，不施加压力完成焊接的方法称为（　　）。

A. 熔焊　　B. 压力焊　　C. 钎焊　　D. 冷压焊

2. 焊条烘干次数一般不应超过（　　）次。

A. 1　　B. 2　　C. 3　　D. 5

3. 焊接打底时选用的焊接电流与焊接填充时选用的焊接电流相比要（　　）。

A. 小　　B. 一样　　C. 大　　D. 无法比较

4. 焊条外敷药皮的作用是（　　）。

A. 造渣、造气　　B. 降低噪声　　C. 防止磁偏吹　　D. 引弧

5. 常用焊接接头有（　　）。

A. V形、U形、K形和X形四种

B. A形、B形、C形和D形四种

C. 对接接头、角接接头、T形接头和搭接接头四种

D. E形、H形、O形、U形四种

二、判断题（正确的打“√”，错误的打“×”）

1. 电焊机外壳必须接地或接零。（　　）

2. 焊接是通过加热或者加压，或两者并用，用或不用填充材料，使焊件连接起来的一种加工方法。（　　）

3. 焊接方法按原理可分为熔焊、压焊和钎焊三大类。（　　）

4. 电源的正接法就是把焊条接到电源正极、把工件接到电源的负极。（　　）

5. 在潮湿的场地焊接时，应用干燥的木板等绝缘物作为垫板。（　　）

6. 酸性焊条适用于合金钢和重要非合金钢结构的焊接。（　　）

7. 焊前要仔细检查各部位接线是否正确，特别是焊接电缆接头是否紧固，防止因接触不良而造成过热烧损。（　　）

8. 改变电焊机接法时应在切断电源的情况下进行，调节电流时应在满载状况下进行。（　　）

9. 焊接之前，一般应根据焊接结构的形式、焊件厚度及对焊接质量的要求确定焊接接头的形式。（　　）

10. 焊条药皮的作用是保温和加速熔池的熔炼。（　　）

三、填空题（将正确答案填写在横线上）

1. 按照焊接过程中金属所处的状态不同，焊接的方法分为__________、__________和__________三类。

2. __________是用手工操纵焊条进行焊接的电弧焊方法，它是熔焊中最基本的一种焊接方法，也是目前焊接生产中使用最为广泛的焊接方法。

3．压焊过程中必须对焊件施加________，以完成焊接。

4．焊条电弧焊的焊接回路由弧焊电源、________、________、________、________、和________组成。

5．焊条药皮在熔化过程中产生一定量的气体和液态熔渣，起到________的作用。

6．焊条由________和________组成。

7．按结构和原理不同，弧焊电源分为____________、____________和____________三类。

8．焊条直径根据________、________、________、________等进行选择。

9．焊接速度是指焊接时焊条向前移动的速度。焊接速度应均匀、适当，既要保证________，又要保证________，可根据具体情况灵活掌握。

10．气焊是将________和________通过焊炬按一定比例混合，获得所要求的火焰作为热源，熔化被焊金属和填充金属，使其形成牢固的焊接接头的焊接方法。

11．气焊用的焊丝起填充金属作用，与熔化的母材一起形成焊缝。常用的气焊焊丝有____________、____________、____________、____________、____________、__________等。

12．在气焊时通常采用气焊熔剂的金属有________、________、________、________等。

13．气焊熔剂是气焊时的________，其作用是与熔池内的金属氧化物或非金属夹杂物相互作用生成熔渣，覆盖在熔池表面，使熔池与空气隔离。

14．气焊设备有________、________、________、________等。

15．氩弧焊是使用________作为保护气体的气体保护电弧焊方法。

16．氩弧焊根据所用的电极材料不同，分为________和________；根据采用的电源种类的不同，分为________、________、________等。

17．真空电子束焊是利用________和________的电子束轰击焊件所产生的热能进行焊接的方法。

18．埋弧焊是电弧在________下燃烧进行焊接的方法。与焊条电弧焊相比，自动埋弧焊具有________________、________________和________________三个显著特点。

19．气体保护焊分为__________气体保护焊和__________气体保护焊两大类。氩弧焊属于__________。

四、应用题

1．请根据图 3–3–9 所示内容完成连线，并说出焊条电弧焊与气焊的区别。

气焊　　　　　　　　焊条电弧焊

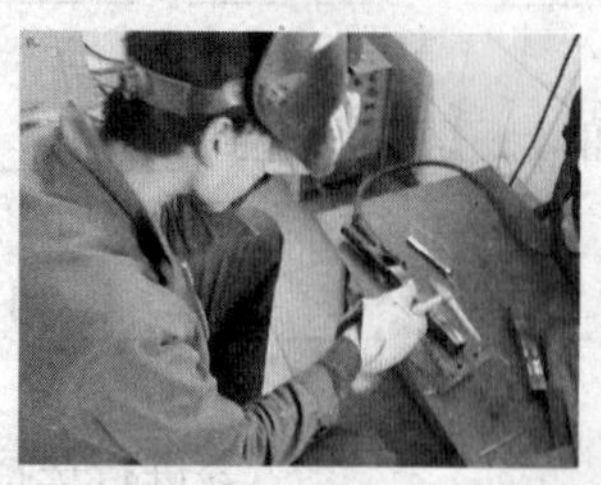

图 3-3-9

2．在实际生产过程中，根据材料的性质和对焊接后的性能要求不同，采用的焊接方法也有所不同。请根据图 3-3-10 所示的焊接件，选择正确的焊接方法。如果要焊接它们，应怎样选择焊接参数？

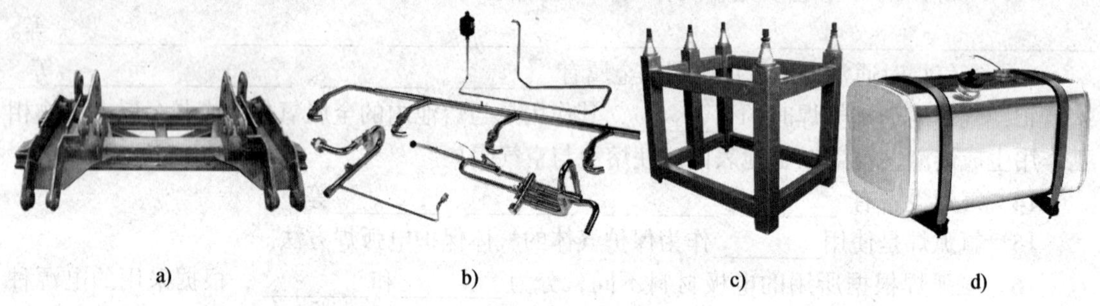

a)　　b)　　c)　　d)

图 3-3-10

a）车架　b）空调冷凝管　c）方钢管支架　d）铝合金油罐

3．分别对薄铁板和薄铝板进行焊接，采用什么焊接方法最适宜？为什么？

第4章 冷加工基础

§4–1 切削运动与刀具

学习引导

1．篆刻是中国特有的与书法紧密结合的一门传统艺术，迄今已有 3 000 多年的历史。篆刻是在被雕刻的材料上，根据创作意图画上或印上图案和文字，然后用刻刀把多余的材料去除，从而获得所需的艺术品的方法，如图 4–1–1a 所示。刻刀是篆刻中最重要的工具，根据篆刻工艺的需要，刻刀有不同的规格，这些刻刀（图 4–1–1b）使用一段时间后刃口就会因磨损而变钝，这时就需要对刻刀进行刃磨，使刻刀重新变得锋利。

a)

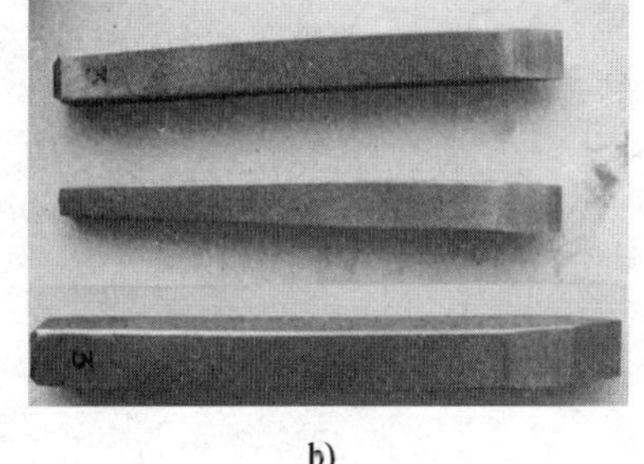

b)

图 4–1–1

a）篆刻 b）刻刀

在金属切削加工过程中，也是利用各种刀具切除多余金属材料，从而获得我们需要的零件，如图 4–1–2 所示。从篆刻中你得到了哪些启示？加工不同的工件应如何选用刀具？刀具使用一段时间后，如何保持锋利？谈谈你的想法。

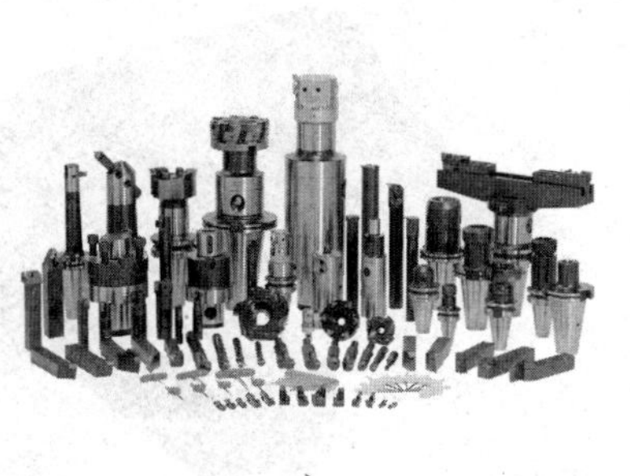

a)

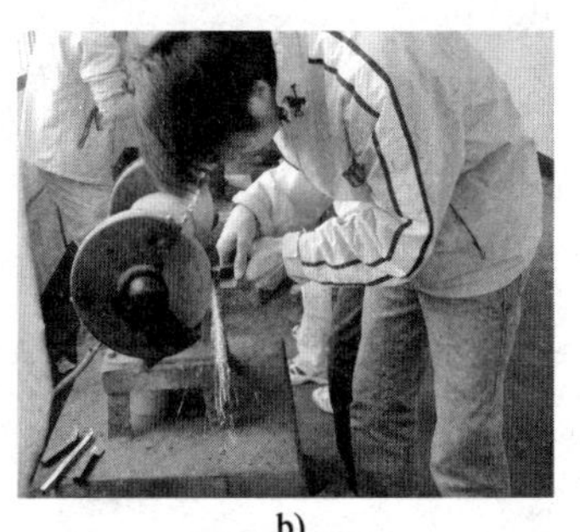

b)

图 4–1–2

a）各种金属切削刀具 b）在砂轮机上刃磨刀具

2．观察图 4–1–3 所示零件，哪些零件更适宜采用切削加工来获得所需的形状和尺寸？

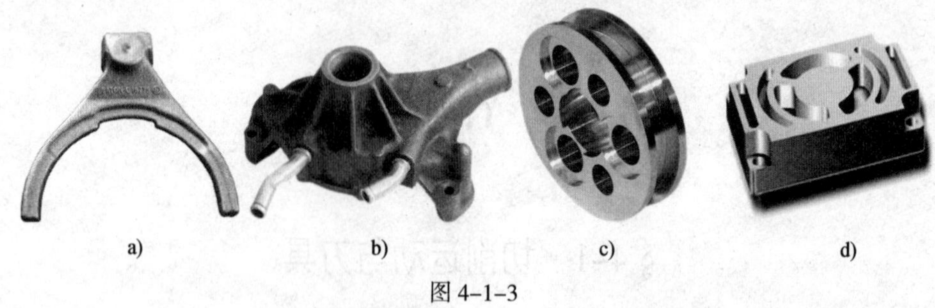

图 4–1–3

3．削铅笔时，小刀每次削去一层包在笔芯上的木材时就需要将笔转过一个角度，为什么要这样做呢？如图 4–1–4 所示的金属零件，你知道零件上的外圆、内孔、端面和安装孔是采用什么加工方法加工出来的吗？

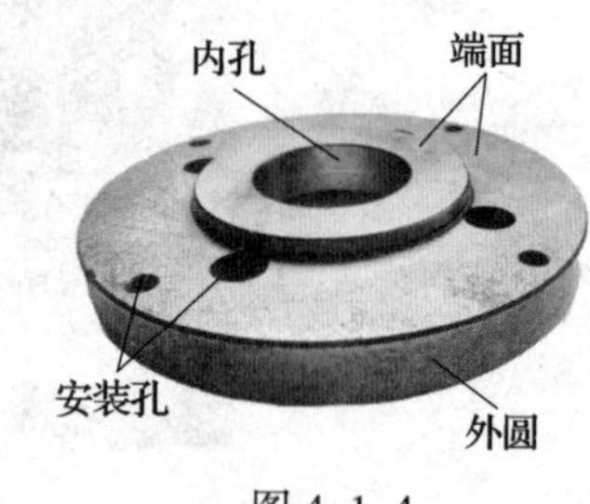

图 4–1–4

课堂练习

1．请在图 4–1–5 中标出切削用量三要素，并解释切削用量三要素的含义。

图 4–1–5

2．请说明普通外圆车刀切削部分的组成，并标注在图 4–1–6 中。

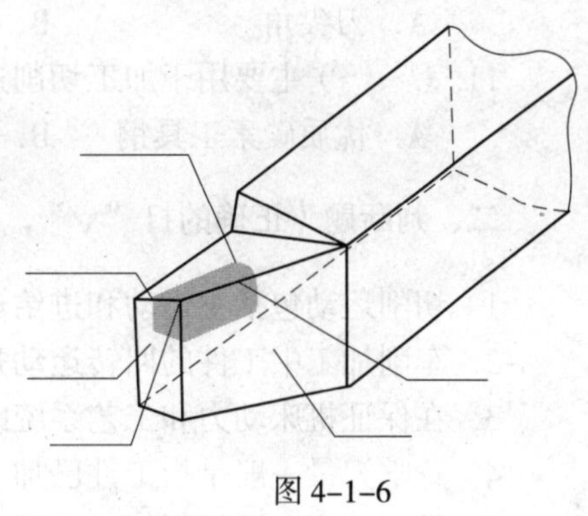

图 4–1–6

学习巩固

一、选择题（将正确答案的代号填写在括号内）

1．下列物品中，适宜采用金属切削加工方式加工的是（　　）。

A．铁盒子　　B．金戒指　　C．自行车链轮　　D．手机外壳

2．（　　）属于金属冷加工工种。

A．焊工　　B．铸工　　C．钳工　　D．锻工

3．下列运动形式不属于切削运动的是（　　）。

A．主运动　　B．进给运动　　C．步进运动　　D．辅助运动

4．在刨削加工中，刨刀的往复直线运动是（　　），工件的横向间歇移动是（　　）。

A．主运动　　B．进给运动　　C．复合运动　　D．辅助运动

5．（　　）是指工件上由切削刃切除的那部分表面，它在下一个切削行程、刀具或工件的下一转里被切除，或者被下一切削刃切除。

A．已加工表面　　B．未加工表面　　C．过渡表面　　D．刀面

6．下列选项中不属于切削用量的是（　　）。

A．进刀量　　B．切削速度　　C．进给量　　D．背吃刀量

7．下列选项中不属于刀具切削部分的组成要素的是（　　）。

A．切削刃　　B．上面　　C．前面　　D．后面

8．选择切削用量的原则是在保证加工质量、降低加工成本和提高生产率的前提下，使背吃刀量、进给量和切削速度的（　　）最大。

A．乘积　　B．乘积的平方　　C．乘积的平方根　　D．和

9．选择切削用量的步骤是（　　）。

A．切削速度 → 背吃刀量 → 进给量

B．切削速度 → 进给量 → 背吃刀量

C．进给量 → 背吃刀量 → 切削速度

D．背吃刀量 → 进给量 → 切削速度

10.（　　）是在基面内测量的主切削刃与副切削刃的夹角，影响刀尖强度和散热性。

A．刀尖角　　B．主偏角　　C．副偏角　　D．刃倾角

11.（　　）主要用于加工切削速度低、尺寸较小的手动工具。

A．优质碳素工具钢　　B．合金工具钢　　C．高速工具钢　　D．硬质合金

二、判断题（正确的打"√"，错误的打"×"）

1．切削运动包括主运动和进给运动。（　　）

2．车削加工中工件的回转运动是进给运动，工件的纵向移动为主运动。（　　）

3．在保证机床动力和工艺系统刚度的前提下，尽可能选择较大的背吃刀量。（　　）

4．背吃刀量一般是指工件已加工表面和待加工表面间的垂直距离。（　　）

5．焊工属于金属切削加工工种。（　　）

6．木头能用来进行金属切削加工。（　　）

7．进给运动是切除工件表面多余材料所需的最基本的运动。（　　）

8．主运动是使工件切削层材料相继投入切削，从而加工出完整表面所需的运动。（　　）

9．在保证工艺装配和技术条件允许的前提下，应选择较大的进给量。（　　）

10．切削用量是切削加工过程中的切削速度、进给量和背吃刀量的总称。（　　）

11．根据工件的尺寸精度选择合适的背吃刀量，通常背吃刀量为 0.5~1 mm。（　　）

三、填空题（将正确答案填写在横线上）

1．各种刀具都是由________和________组成的。切削部分是刀具起切削作用的部分，由________、________、________等产生切屑的各要素组成。

2．陶瓷刀具分为________和________两大类。

3．超硬刀具材料是指与________的________、性能相近的人造金刚石和立方氮化硼，硬度可达____________。

4．切削加工包含________加工和________加工。

5．切削时，工件与刀具的相对运动称为________。

6．车刀的________影响刃口的锋利程度、刀尖强度、切削变形和切削力。

7．工件上有待切除的表面是____________。

8．工件上经刀具切削后所形成的表面是____________。

9．进给量对刀具使用寿命的影响比背吃刀量要大，但比________对刀具使用寿命的影响要小。

10．背吃刀量对尺寸精度的影响较大，背吃刀量________，尺寸精度难以保证；反之，尺寸精度容易保证。

四、术语解释

1．切削速度

2. 进给量

五、应用题

1. 将图 4–1–7 中几种常见的切削加工方法与图示连接起来。

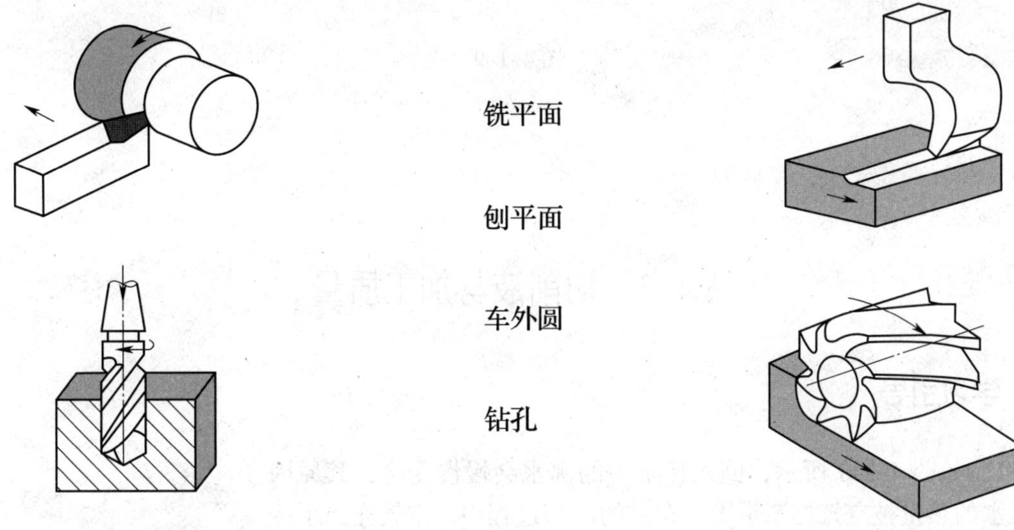

图 4–1–7

2. 填写图 4–1–8 所示工件加工时所形成的有关表面。

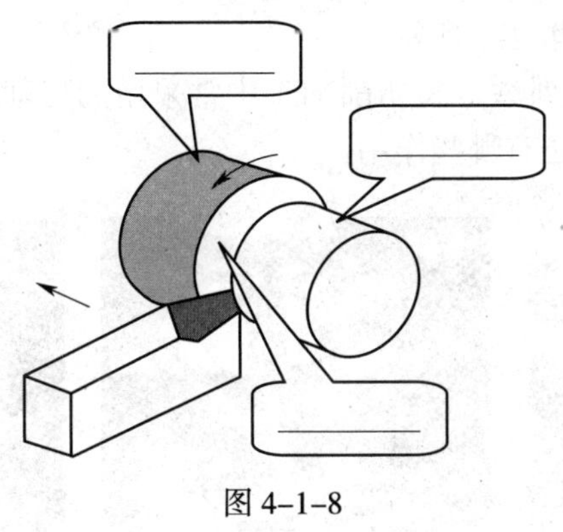

图 4–1–8

3. 简述切削用量的选用原则。

4. 根据所学内容，谈谈加工图 4–1–9 所示零件应采用什么材质的刀具，并说明选择理由。

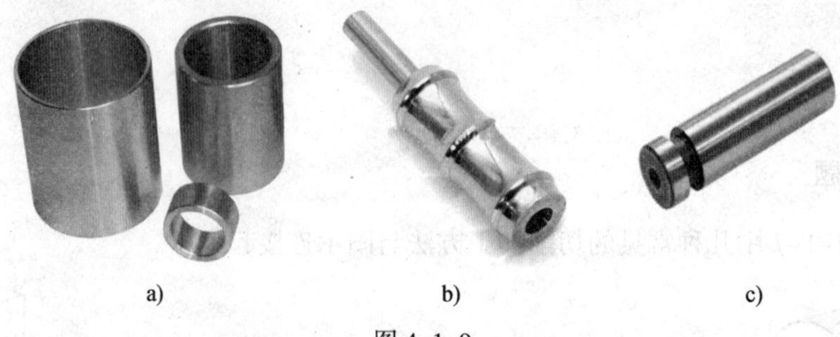

a)　　　　b)　　　　c)

图 4–1–9

a）铜套　b）不锈钢手柄　c）钢销钉

§4–2　切削液与加工质量

学习引导

1. 如图 4–2–1 所示，倒入杯子中的沸水会慢慢变冷，其原因在于水的热量被空气逐渐带走。在水的冷却过程中，空气充当了冷却介质。

图 4–2–1

在金属切削加工过程中，被切削的工件表面也会产生大量的热量，此时，需要采用切削液对工件进行冷却，以减少过高的温度给工件带来的不利影响，如图 4–2–2 所示。

请通过查询相关资料，列举金属切削加工中常采用的切削液。除了冷却作用，这些切削液还有哪些作用？

a)

b)

c)

图 4–2–2

2．当我们去超市购买金属厨具（见图 4–2–3）时，除了考虑商品的价格和功能外，还会仔细检查商品是否存在表面不光洁现象或有毛刺等，这属于产品质量检查。任何产品，都有着不同的质量要求。请谈谈你所加工过的零件具有哪些加工质量要求？

图 4–2–3

课堂练习

1．切削液具有哪些作用？切削液的选用依据有哪些？

2．在切削加工过程中，工件获得规定尺寸精度的方法有哪些？

学习巩固

一、选择题（将正确答案的代号填写在括号内）

1．切削液能从切削区带走大量的（　　）。

A．切削热　　B．切削力　　C．杂质　　D．工件

2．乳化液的主要成分是（　　）。

A．水 + 防锈剂 + 添加剂

B．矿物油 + 乳化剂 + 添加剂

C．矿物油＋添加剂

D．水＋乳化剂

3．粗加工时常用的切削液是（　　）。

A．水溶液　　B．乳化液　　C．切削油　　D．煤油

4．切削铸铁等脆性材料时（　　）切削液。

A．不使用　　B．必须使用

C．可用可不用　　D．使用冷却作用

5．精加工时，为保证加工质量，宜选用（　　）效果好的极压切削液。

A．冷却　　B．润滑　　C．清洗　　D．排屑

二、判断题（正确的打“√”，错误的打“×”）

1．切削液可延长刀具的使用寿命，提高工件的加工质量。（　　）

2．切削油常用于磨削加工中。（　　）

3．切削高强度钢、高温合金等难切削材料时，应选用极压切削油或极压乳化液。（　　）

4．钻孔、铰孔等加工时一般不用切削液，必要时可使用低浓度的乳化液或合成切削液。（　　）

5．加工精度指工件加工后的实际几何参数与理想几何参数的符合程度。（　　）

6．采用试切法时，工件的尺寸精度由刀具本身尺寸精度保证。（　　）

7．工件的加工表面质量对工件的耐磨性、耐腐蚀性、疲劳强度、配合性质等使用性能有着很大的影响。（　　）

8．加工表面的表面粗糙度值越大，微观几何形状精度越高。（　　）

三、填空题（将正确答案填写在横线上）

1．切削液渗入刀具、切屑和工件之间，形成________。

2．切削液的________和________作用对磨削、深孔加工等尤为重要。

3．常用的切削液的种类有________、________和________。

4．加工中使用的切削液应根据________、________、________、________等情况综合考虑，合理选用。

5．粗加工时，金属切除量大，切削温度高，应选用________作用好的切削液。

6．工件的加工质量指标分为两大类：________和________。

7．工件的加工精度包括________、________和________。

8．加工表面质量包括________和________两个方面的内容。

9．衡量加工表面微观几何形状精度的主要标志是________。

四、应用题

采用不同的加工方法对不同的材料进行加工，应选择合适的切削液，请运用所学知识填写表4–2–1。

表 4-2-1

加工内容	被加工材料	切削液
磨削	45	
攻螺纹	HT200	
用硬质合金刀具精车工件	Q235	
用高速钢刀具铣削台阶	Q235	

§4-3 金属切削机床的分类及型号

学习引导

1. 去超市购物时，你发现商品包装上印有条形码（见图 4-3-1a）了吗？收银员利用收银机扫描这些条形码，收银机就会自动判断出商品的种类和价格。不同的商品用不同的条形码来表示，而有些商品通过标签来标出主要的参数，例如在每台电视机后盖上都贴有标签（见图 4-3-1b），标签上列出了电视机的名称、型号及主要参数等。金属切削机床也有不同的种类、型号和规格，你知道采用什么方式表达金属切削机床的型号和规格等信息吗？

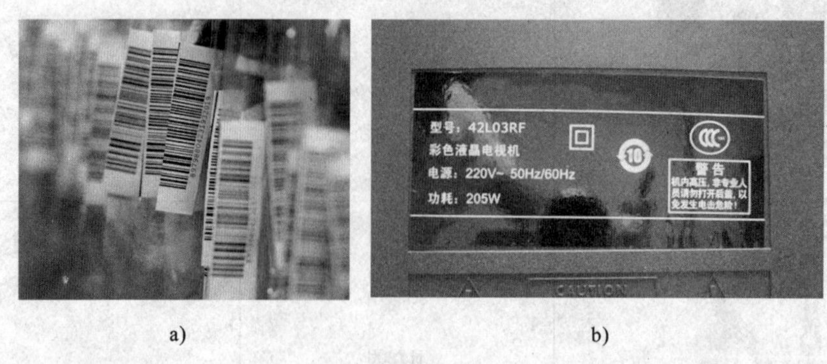

a)　　b)

图 4-3-1

2．在学校实习车间寻找与图 4-3-2 所示机床结构相近的机床，记录它们的型号，并抄写铭牌信息。

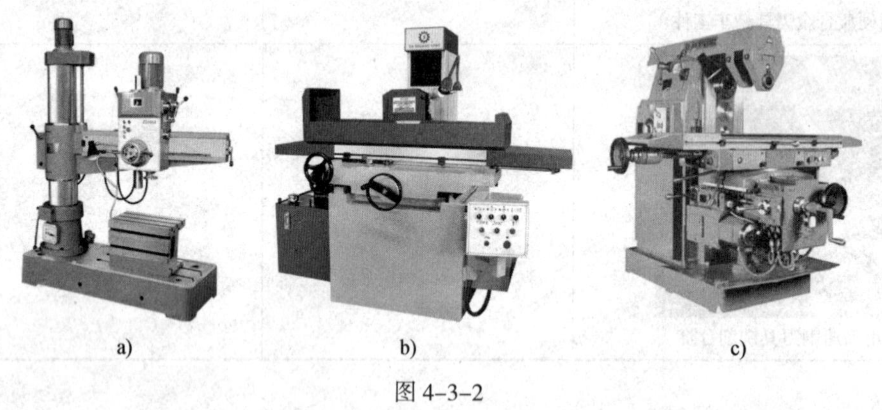

a)　　b)　　c)

图 4-3-2

课堂练习

1．机床型号由汉语拼音字母和阿拉伯数字按一定规律组合而成，请填写下列数字标号的含义。

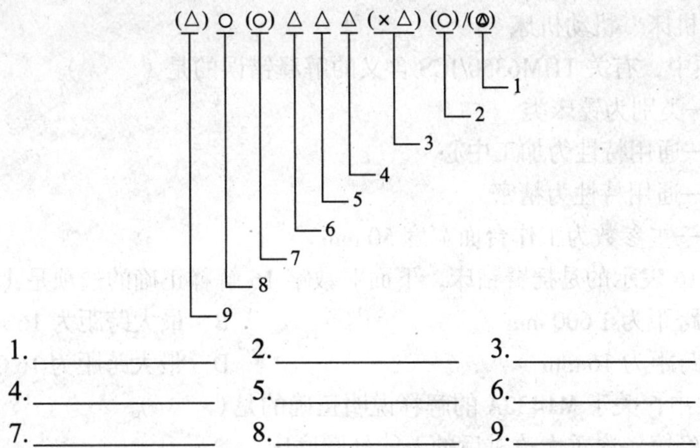

1.________ 2.________ 3.________

4.________ 5.________ 6.________

7.________ 8.________ 9.________

2．按加工精度不同机床可以分为哪几种？ X62W 机床可以归类为哪种机床？

学习巩固

一、选择题（将正确答案的代号填写在括号内）

1．金属切削（　　）是用切削方法将金属材料加工成机械零件的机器。

A．车床　　B．铣床　　C．刨床　　D．机床

2．由于金属切削加工仍是机械制造过程中获取具有一定尺寸、形状和精度零件的主要加工方法，因此机床是（　　）中最重要的组成部分。

A．液压系统　　B．控制系统　　C．机械制造系统　　D．电气系统

3．金属切削机床按（　　）可分为车床、钻床、镗床、磨床、齿轮加工机床、螺纹加工机床、铣床、刨插床、拉床、锯床和其他机床，共 11 类。

A．工作原理　　B．使用范围

C．加工精度　　D．自动化程度

4．同一类机床按（　　）可分为普通机床、精密机床和高精度机床等。

A．工作原理　　B．使用范围

C．加工精度　　　　　　　　　　D．自动化程度

5．同一类机床按使用范围可分为（　　）。

A．普通机床、精密机床、高精度机床

B．通用机床、专用机床

C．车床、钻床、镗床、磨床

D．手动机床、机动机床

6．下列选项中，有关 THM6350/JCS 含义的解释错误的是（　　）。

A．T——类别为镗床类

B．H——通用特性为加工中心

C．M——通用特性为精密

D．50——主参数为工作台面宽度 50 mm

7．Z3040×16 表示的是摇臂钻床，下面对数字 16 解释正确的选项是（　　）。

A．最大跨距为 1 600 mm　　　　B．最大跨距为 160 mm

C．最大跨距为 16 mm　　　　D．最大跨距为 16 000 mm

8．下列选项中，关于 M1432A 的解释说明正确的是（　　）。

A．表示经第一次重大改进后的万能外圆磨床

B．表示经第二次重大改进后的万能外圆磨床

C．表示经第一次重大改进后的万能铣床

D．表示经第二次重大改进后的万能铣床

9．CA6140 型卧式车床的主参数折算系数为（　　）。

A．1　　B．0.1　　C．10　　D．100

10．类别代号中的字母 C 表示（　　）。

A．铣床　　B．钻床　　C．车床　　D．磨床

11．类别代号中的字母 M 表示（　　）。

A．铣床　　B．钻床　　C．车床　　D．磨床

12．通用特性代号中的字母 G 表示（　　）。

A．高精密　　B．精密　　C．半自动　　D．自动

二、判断题（正确的打“√”，错误的打“×”）

1．CA6140 表示的是最大加工半径为 400 mm 的普通卧式车床。（　　）

2．机床的型号是机床产品的代号，用以表明机床的类型、通用特性和结构特性、主要技术参数等。（　　）

3．XK5032 型铣床型号中的 K 表示该机床具有程序控制特性，在类代号 X 之后。（　　）

4．CA6140 型卧式车床型号中的 A 是结构特性代号，表示与 C6140 型卧式车床主参数相同，但结构不同。（　　）

5．同一类机床按自动化程度不同可分为手动机床、机动机床、半自动机床、自动机床。（　　）

6．按加工工件大小和机床本身质量不同，机床可分为仪表机床、一般机床、重型

机床。 ( )

7．专用机床型号的表示方法中，设计单位代号不包括机床生产厂和机床研究单位代号。 ( )

8．专用机床的设计顺序号按该单位的设计顺序号排列，由 001 起始，位于设计单位代号之后，并用“—”隔开。 ( )

9．通用机床的型号由基本部分和辅助部分组成。 ( )

10．机床的类别用小写汉语拼音字母表示。 ( )

11．当机床的结构、性能有更高的要求，并需要按新产品重新设计、试制和鉴定时，按改进的先后顺序选用 A、B、C 等汉语拼音字母（I、D 字母除外），加在型号基本部分的尾部，以区别原机床型号。 ( )

三、填空题（将正确答案填写在横线上）

1．识读机床型号时，应从__________依次读取各代号含义。若机床型号中有个别代号未标出或省略，可以__________。

2．机床的型号是机床产品的代号，用以表明__________、__________和__________、__________等。

3．填写机床的类别代号表（表 4–3–1）。

表 4–3–1

类别	车床	钻床	镗床	磨床			齿轮加工机床	螺纹加工机床	铣床	刨插床	拉床	锯床	其他机床
代号	C	Z	T	M	2M	3M	Y	S	X	B	L	G	Q
读音													

4．填写机床的通用特性代号表（表 4–3–2）。

表 4–3–2

通用特性	高精度	精密	自动	半自动	数控	加工中心（自动换刀）	仿形	轻型	加重型	柔性加工单元	数显	高速
代号												
读音	高	密	自	半	控	换	仿	轻	重	柔	显	速

5．当无法用一个主参数表示某些通用机床时，可用__________表示。

6．主参数在机床型号中用__________表示，位于系代号之后。

四、应用题

1．解释 Z3040 × 16/S2 的含义。

2．数控线切割机床属于金属切削机床吗？查阅相关资料后，简述你的看法。

§4-4　车床及其应用

学习引导

1．中国是制造和使用车床的鼻祖，古代的车床靠手拉或脚踏，通过绳索使工件旋转，并手持刀具对金属进行切削加工。到了明代，中国人发明了畜力车床，图 4-4-1 所示为当时世界上最先进的金属加工设备。到了近代，随着生产需求的增加，这种畜力车床的加工效率和加工质量已不能满足需要。1797 年，英国机械发明家莫兹利制成了用丝杠传动刀架的现代车床。你知道现代车床可以完成哪些金属加工内容吗？

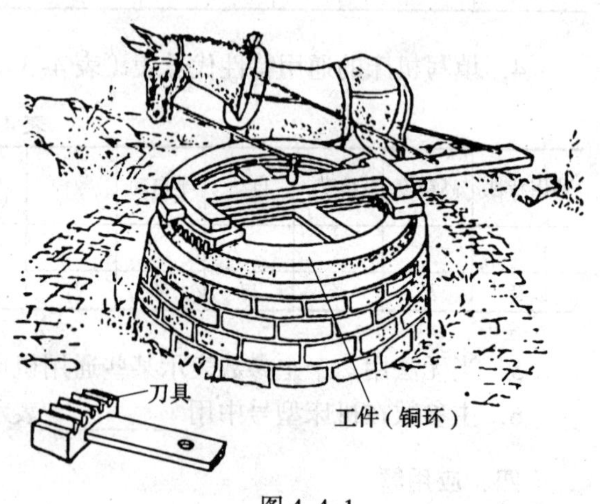

图 4-4-1

2．通过实地参观车间，并结合图 4–4–2 所示车床外形，完成相关内容的填写。

图 4–4–2

（1）主轴的旋转是________运动。

（2）刀架的移动是________运动。

（3）车床加工的零件，其轮廓形状有何特点？

课堂练习

1．填写图 4–4–3 中车床各部分结构的名称。

图 4–4–3

2．填写图 4–4–4 中的车床加工内容。

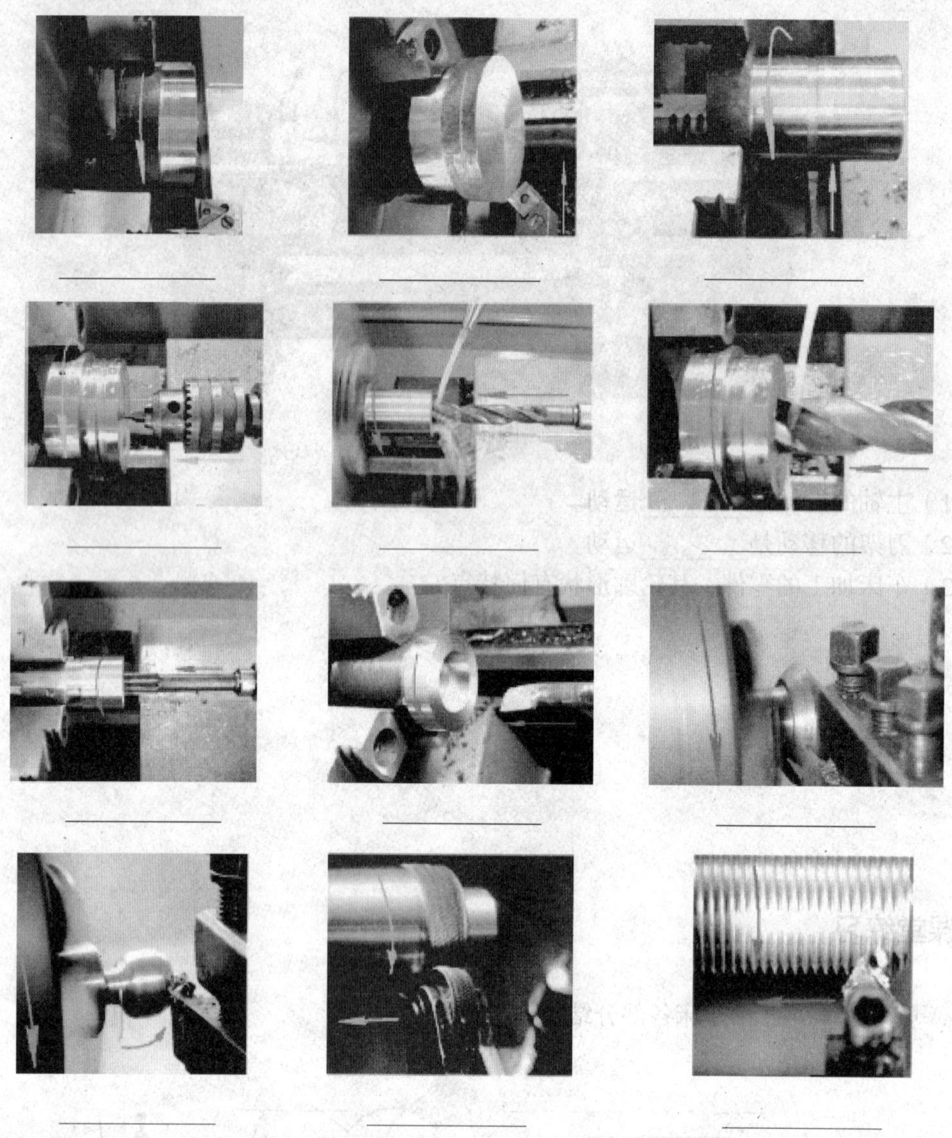

图 4–4–4

3．若需要在车床上车削一根细长轴（直径为 20 mm，轴长为 200 mm），请你选择合适的车床夹具完成零件加工，并说明选用理由。

学习巩固

一、选择题（将正确答案的代号填写在括号内）

1．切断或在工件上车槽应选用（　　）。

A．切断刀　　B．90° 车刀　　C．45° 车刀　　D．75° 车刀

2．车削工件的圆弧面或成形面应选用（　　）。

A．圆头车刀　　B．内孔车刀　　C．螺纹车刀　　D．切断刀

3．车削细长光轴时宜选用（　　）。

A．两爪跟刀架　　B．三爪跟刀架

C．顶尖　　D．三爪自定心卡盘装夹

4．图 4–4–5 中的车刀类型为（　　）。

图 4–4–5

A．90° 车刀　　B．45° 车刀　　C．75° 车刀　　D．切断刀

5．更换挂轮箱内的齿轮并配合进给箱变速机构，可以用来改变所加工的（　　）。

A．螺纹导程　　B．圆柱直径

C．切削锥度　　D．圆锥角度

6．主轴箱的作用是支承主轴，带动工件做旋转运动。箱外有手柄，变换手柄位置可使主轴得到（　　）。

A．多种转向　　B．多种加工方法

C．多种转速　　D．进给运动

7．进给箱将交换齿轮箱传递过来的运动经过变速后不可以传递给（　　）。

A．丝杠　　B．光杠　　C．主轴　　D．尾座

8．床身是车床的大型基础部件，有两条精度很高的 V 形导轨和（　　）导轨，主要用于支承和连接车床各部件，并保证各部件在工作时有准确的相对位置。

A．三角形　　B．矩形　　C．平行四边形　　D．梯形

9．下列选项中，关于车床特点的说法，不正确的是（　　）。

A．适应性强，应用广泛，适合车削不同材料和精度要求的工件

B．所用刀具结构相对简单，制造、刃磨和装夹都较方便

C．切削力变化较小，车削过程相对平稳，生产率较高

D．车削可以加工出尺寸精度和表面质量都较高的工件，车削的尺寸精度通常为 IT9~IT7，表面粗糙度值可达 $Ra0.16\ \mu m$

二、判断题（正确的打“√”，错误的打“×”）

1．车床的种类很多，主要有仪表车床，单轴自动车床、多轴自动车床、多轴半自动车床，回轮（转塔）车床、立式车床、落地车床、卧式车床、仿形车床、多刀车床、数控车床等。其中，以卧式车床应用最为广泛。（　）

2．三爪自定心卡盘的三个卡爪均匀分布在圆周上，能同步沿卡盘的径向移动，实现对工件的夹紧或松开，能自动定心；三爪自定心卡盘装夹工件一般必须找正，它使用方便，但夹紧力较小，定心精度低。（　）

3．四爪单动卡盘的四个卡爪均匀分布在圆周上，每个卡爪单独沿径向移动，装夹工件时不需要通过调节各卡爪的位置对工件的位置进行找正。（　）

4．立式车床可用于加工径向尺寸大而轴向尺寸相对较小的大型和重型工件。（　）

5．使用自动车床能大大地减轻工人的劳动强度，提高加工精度和劳动生产率。（　）

6．经调整后，不需要工人操作便能自动地完成一定的切削加工循环（包括工作行程和空行程），并且可以自动地重复这种循环的车床称为自动车床。（　）

7．刀架部分由床鞍、中滑板、大滑板和刀架等组成。（　）

8．前顶尖是安装在主轴上的顶尖，它随主轴和工件一起回转，与工件中心孔无相对运动，不产生摩擦。（　）

9．照明灯使用安全电流，为操作者提供充足的光线，以保证明亮清晰的操作环境。（　）

10．卧式车床的传动路线为电动机驱动带轮，将运动传递到主轴箱，通过变速机构变速，使主轴得到不同的转速，再经卡盘（或夹具）带动工件旋转。（　）

11．车床的应用范围很广，可以进行车外圆、车端面、切断和车槽、钻中心孔、钻孔、扩孔、铰孔、车孔、车圆锥、车成形面、滚花、车螺纹等加工。（　）

三、填空题（将正确答案填写在横线上）

1．车削是以________为主运动，以________为进给运动的切削加工方法。车削的切削运动由车床实现。

2．利用 90° 车刀可以车削工件的________、________和________。

3．花盘是材质为________的大圆盘，安装在车床________上，上面有若干呈辐射状分布的长短不一的通槽。

4．顶尖的作用是________，承受工件的________与切削时的________。

5．________是插入尾座套筒锥孔中的顶尖。

6．________可克服发热和磨损的缺点，但定心精度稍差，刚度也稍低。

7．带滚动轴承的中心架特点是________不会研伤工件，但同轴度稍差。

8．常用的跟刀架有________和________两种。

四、应用题

1．在工件上加工孔时，采用钻床加工和采用车床加工，切削运动有什么不同？它们的应用范围有什么不同？请填写表 4–4–1。

表 4–4–1

加工类别	切削运动	应用范围
车床加工孔		
钻床加工孔		

2．根据车床的加工特点，指出图 4–4–6 所示零件有哪些不能在车床上加工，并简述理由。

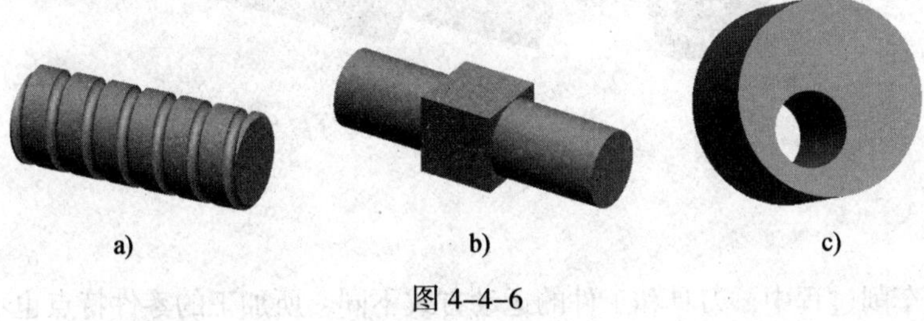

图 4–4–6

3．根据图 4–4–7 所示铜质零件的 4 个加工部位，选择合适的车刀。

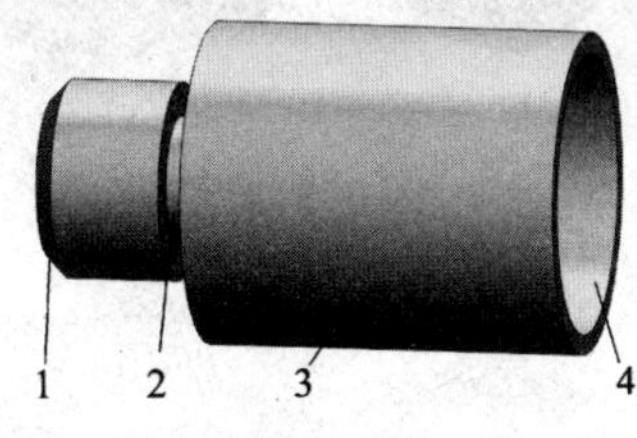

图 4–4–7

1—45° 倒角　2—沟槽　3—外圆　4—不通孔

§4–5　铣床及其应用

学习引导

1. 如图 4–5–1 所示金属轴的前端有一键槽，该键槽与键配合，以便带动其他零件运动。车床能加工出键槽吗？如果不能，应采用什么方法进行加工呢？

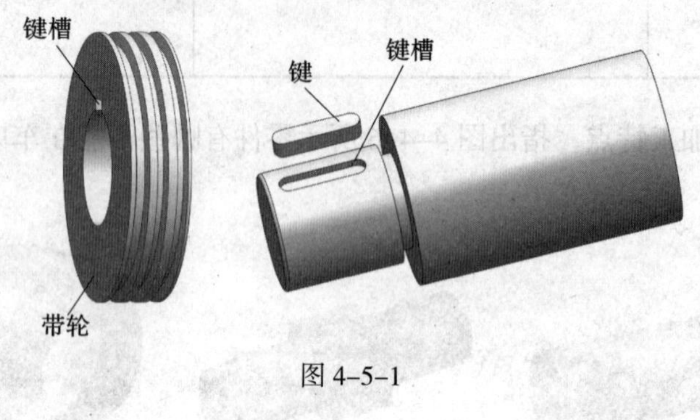

图 4–5–1

2. 铣削与车削过程中，刀具和工件的运动方式不同，所加工的零件特点也不同。图 4–5–2 所示零件中，哪些零件在加工过程中需要采用铣削加工？

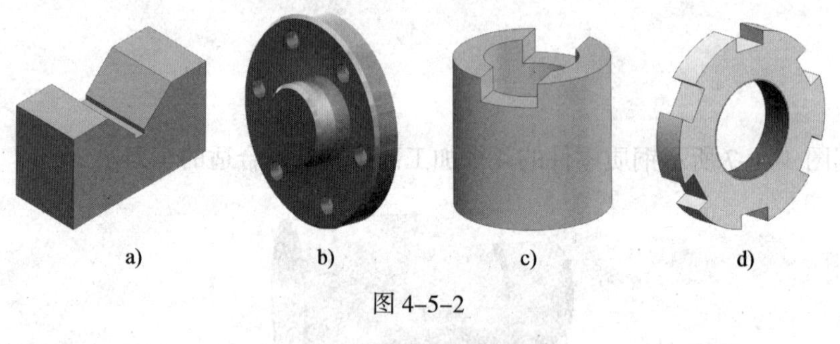

图 4–5–2

课堂练习

1. 填写图 4–5–3 中铣床各部分结构的名称。

图 4-5-3

2．写出图 4-5-4 中铣床的加工内容。

图 4-5-4

学习巩固

一、选择题（将正确答案的代号填写在括号内）

1．铣削燕尾槽时选用的刀具是（　　）。

A. 　　B. 

C.  　　D. 

2．铣削键槽时选用的刀具是（　　）。

A.  　　B. 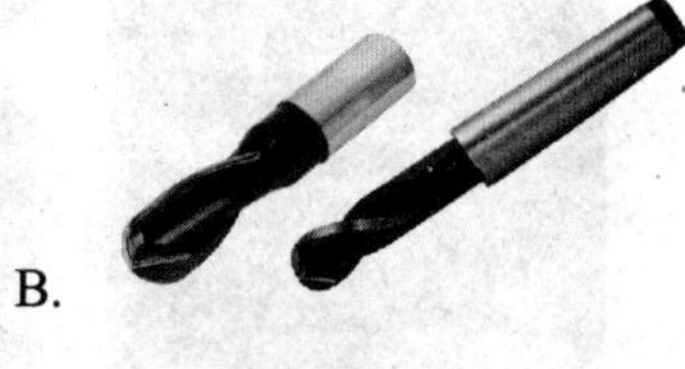

C. 　　D. 

3．加工齿轮时选用的刀具是（　　）。

A. 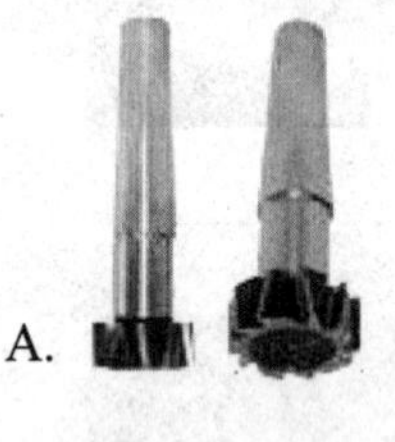　　B. 

C. 　　D. 

4. 下列选项中，关于铣床特征的说法，不正确的是（　　）。

A. 以铣刀的旋转运动为主运动，加工位置调整方便

B. 采用多刃刀具加工，刀齿轮换切削，刀具冷却效果好，使用寿命长

C. 铣床加工生产率高，加工范围广，铣刀种类多，适应性强，但加工精度较低

D. 适合加工平面类及形状复杂的组合体零件，在模具制造等行业中占有重要地位

二、判断题（正确的打"√"，错误的打"×"）

1. 周铣是用分布在铣刀圆周面上的切削刃铣削并形成已加工表面的一种铣削方法。（　　）

2. 端铣是用分布在铣刀端面上的切削刃铣削并形成已加工表面的一种铣削方法。（　　）

3. 铣床底座的作用是支持床身，承受铣床的全部重力，存放切削液。（　　）

4. 周铣时，铣刀的旋转轴线与工件被加工表面平行，并且只能在卧式铣床上进行。（　　）

5. 铣床的悬梁可沿床身顶部燕尾形导轨移动，并可按需要调节其伸出床身的长度；悬梁上可安装刀杆支架，用以支承刀杆的外端，增强刀杆的强度。（　　）

6. 铣床主轴为前端带锥孔的空心轴，锥孔的锥度为 7 ∶ 15，用于安装刀杆和铣刀。（　　）

7. 在铣床上加工的任何零件，都可以用平口钳进行装夹。（　　）

8. 在铣床上铣削工件时，由于铣刀的结构不同，工件上被加工的部位不同，因此具体的铣削方法也不同。（　　）

9. 周铣时铣刀主要受轴向作用力，且铣刀刚度好，同时参与切削的齿数多，因此振动小，铣削平稳，效率高。（　　）

10. 周铣时能一次切除较厚的铣削层。（　　）

11. 周铣具有较多优点，因此在单一平面的铣削中被广泛采用。（　　）

12. V 形垫铁与压板配合使用，主要用来安装轴类零件。（　　）

三、填空题（将正确答案填写在横线上）

1. 铣削是以________的旋转运动为________，以__________为________的一种切削加工方法。

2. ________用于调整和变换工作台的进给速度，以适应铣削的需要。

3. X6132 型铣床在滑鞍与工作台之间设有__________，可使工作台在水平面内进行__________范围内的扳转。

4. 在铣床上配以分度头可以铣削________、________、________等。

5. 采用多刃刀具加工，刀齿轮换切削，刀具________好，________长。

6. 使用铣床工具是为了满足铣刀和工件的________，确保铣削时克服________，使工件与铣床保持正确的________。

7. 回转工作台主要用于装夹________型工件，进行________及做________。

8. ________铣时，工件上会同时形成两个或两个以上的已加工表面。

四、应用题

1．图 4–5–5 所示为学生在车间进行铣床操作实习。他们的操作符合安全文明生产要求吗？如果不符合，请予以指出并提出改正方法。

图 4–5–5

2．如图 4–5–6 所示零件需要进行铣削加工，零件材料为 45 钢，请根据加工要求列出所需的刀具，并说明选择理由。

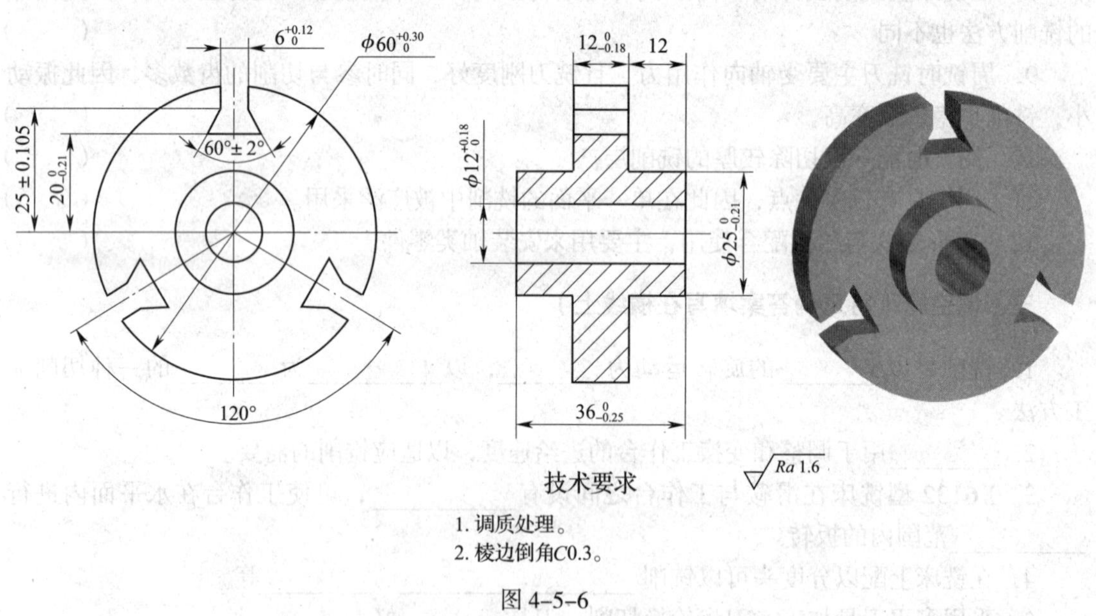

图 4–5–6

§4-6　钻床及其应用

学习引导

1. 扯钻是木工的传统工具，如图 4-6-1 所示。使用时，一手握紧手柄并施以向下的压力，另一手来回拉动扯杆，扯杆产生如图所示方向的往复运动，这时与扯杆相连并缠绕在扯杆上的扯绳带动钻杆产生往复旋转运动，并带动与之相连的铁钻逐渐钻入木材中，在木材上钻出所需的孔。用这种方式加工孔有什么缺点？能用这种方式在金属上加工孔吗？如果不能，如何才能在金属上又快又好地加工孔呢？

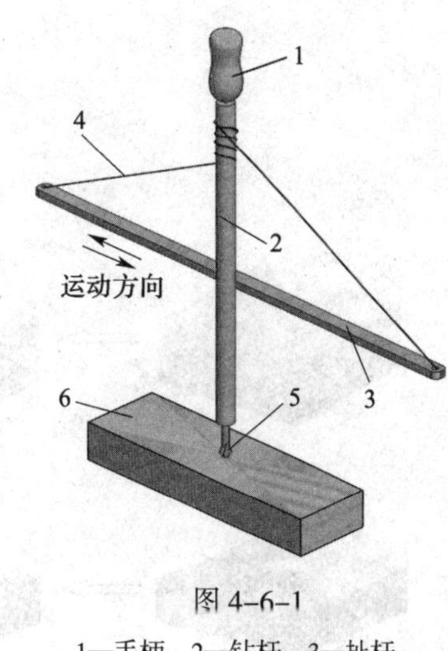

图 4-6-1

1—手柄　2—钻杆　3—扯杆
4—扯绳　5—铁钻　6—木材

2. 大自然中许多事物都是以螺旋的形状出现的（见图 4-6-2），如宇宙的星云、贝壳、羚羊的双角、树木的纹路、松树的球果、灌木的分叉、向日葵花朵的排列、豌豆的攀爬、肌肉的纹理等。螺旋形的排列可以使灌木的叶子在单位占地面积上获得最多的阳光，可以使豌豆的攀爬获得较大的摩擦力，增加植物纹路纤维的抗拉力与抗风力。

a)　　b)　　c)

图 4-6-2

人类从大自然的螺旋形中也获得了不少的制造灵感，如建筑的回旋楼梯、儿童的滑梯等。通过在工件上加工出螺纹孔，可以利用螺栓将其他工件与之相连（见图 4–6–3）。螺纹孔在现代生产中经常使用钻床加工出来。

观察图 4–6–4 所示的工件，哪些加工操作可以在钻床上进行？

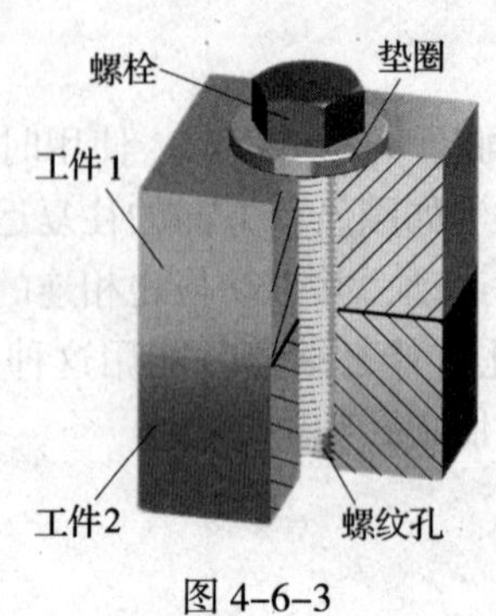

图 4–6–3

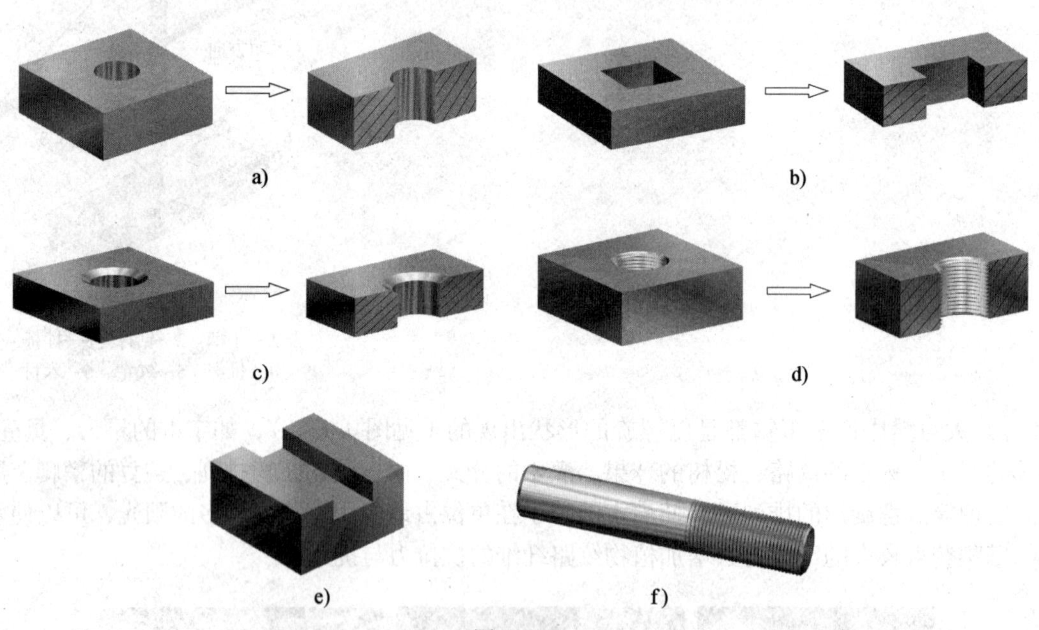

图 4–6–4

a）在工件上加工圆柱孔　b）在工件上加工矩形孔　c）在工件上进行孔口倒角

d）方形螺母　e）在工件表面上加工凹槽　f）螺纹杆

课堂练习

1．填写图 4–6–5 所示钻床的加工类型。

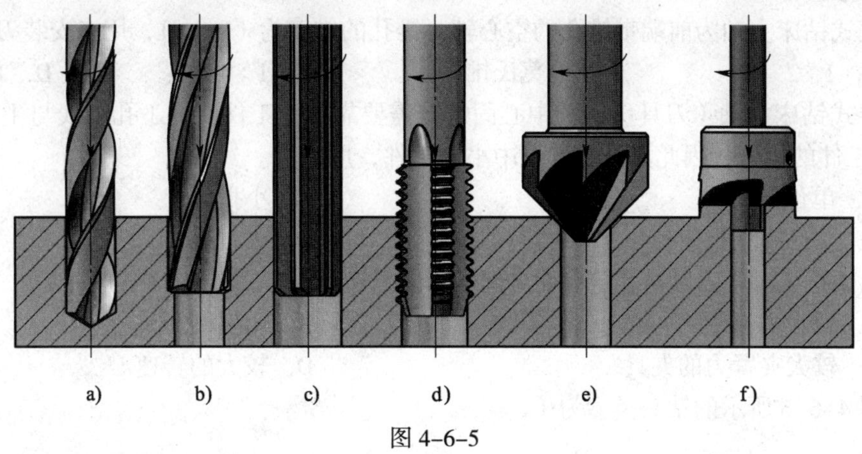

图 4–6–5

__________　__________　__________　__________　__________　__________

2．在表 4–6–1 中填写常见钻床的主要加工范围，在相应的空格内打“√”。

表 4–6–1

钻床种类	加工范围					
	钻孔	扩孔	铰孔	攻螺纹	锪孔	锪端面
立式钻床						
摇臂钻床						
台式钻床						

学习巩固

一、选择题（将正确答案的代号填写在括号内）

1．立式钻床的主轴箱和进给箱为一体，将主电动机的额定转速通过齿轮变速转换成（　　）种不同的主轴转速，以适应不同钻削速度的需要；进给箱通过齿轮将主轴传来的运动变速，实现（　　）种不同的进给量。

A．8　　B．9

C．12　　D．16

E．24

2．在钻床上不可以完成（　　）加工任务。

A．钻孔　　B．扩孔

C．铰孔　　　　D．锪孔

E．镗孔

3．台式钻床是置于台桌上使用的小型钻床，用于钻削中小型工件上直径（　　）mm 的孔。

A．小于 13　　B．大于 13　　C．大于 20　　D．小于 20

4．立式钻床主轴为前端带锥孔的空心轴，锥孔的锥度为（　　），用来安装刀柄。

A．1∶2　　B．莫氏锥度　　C．1∶4　　D．1∶9

5．立式钻床主轴（刀具）回转中心固定，需要靠移动工件使加工孔轴线与主轴轴线重合以实现工件的定位，因此只适合加工中小型工件，用于（　　）。

A．单件生产　　　　B．小批生产

C．单件或小批生产　　　　D．大批生产

6．钻削加工时，刀具与孔壁表面之间的摩擦比较严重，需要（　　）。

A．较大的钻削力　　　　B．切削液

C．较大夹紧力的夹具　　　　D．较大的转速

7．图 4–6–6 所示的钻头类型为（　　）。

图 4–6–6

A．直柄麻花钻　　　　B．锥柄麻花钻

C．扩孔钻　　　　D．锪孔钻

8．V 形垫铁主要用于安装（　　）。

A．小型板类零件　　　　B．大型板类零件

C．轴类零件　　　　D．箱体类零件

9．台式钻床不可以进行的操作是（　　）。

A．钻孔　　B．铰孔　　C．锪孔　　D．车孔

10．台式钻床与立式钻床相比，一般可加工孔的直径：（　　）。

A．大　　B．小　　C．相同　　D．无法比较

11．下列选项中，（　　）不属于钻床。

A．台式钻床　　B．立式钻床　　C．摇臂钻床　　D．手电钻

二、判断题（正确的打“√”，错误的打“×”）

1．钻削时产生的热量较多，且传热、散热比较困难，切削温度较高。（　　）

2．摇臂钻床有一个能绕立柱回转的摇臂，主轴箱可沿立柱轴线上下移动；同时，主轴箱还可沿摇臂的水平导轨做手动或机动移动，因此，操作时能方便地调整主轴（刀具）的位置，使它对准所需加工孔的中心而不必移动工件，适合钻削小型工件或多孔工件。（　　）

3．钻夹头的装夹范围较小，只能装夹直径小于 13 mm 的直柄麻花钻，使用钻夹头钥匙可将麻花钻夹紧。（　　）

4．在钻床上不可以完成铰孔加工。（　　）

5．立式钻床的立柱上装有机床电气系统，另外还有齿条与齿轮，通过它们与齿轮的啮

合带动进给箱转动。（ ）

6．钻削小型工件时，一般采用平口钳装夹。（ ）

三、填空题（将正确答案填写在横线上）

1．钻削是用________在工件上加工孔的方法。钻削通常在________上进行。

2．钻床进行两种基本运动，即旋转运动和轴向移动。其中，________是钻削所必需的基本运动，即主运动；而________为进给运动。

3．________是立式钻床的主体，用来安装和连接机床其他部件，其前部装有主轴箱和进给箱。

4．在钻床上可以完成________、________、________、________等加工任务。

5．由于钻削时的________和________，故易产生孔壁的冷作硬化，给下道工序的加工增加难度。

6．立式钻床按其孔加工直径不同，有________、________、________、________、________、________、________等多种规格。

7．钻削刀具多属于细长型，切削时容易引起________，导致加工精度下降。

8．在孔径较大的情况下，钻削时转矩增大，为了保证装夹可靠和操作安全，工件应使用________、________和阶梯垫铁等进行装夹。

9．钻套主要用于装夹直径____________13 mm 的锥柄麻花钻，通过钻套的锥度夹紧麻花钻。

10．按钻床的应用范围不同，钻削常用刀具主要有________、________、________、丝锥和锪钻等。

四、应用题

1．如图 4–6–7 所示零件需要在钻床上加工 $\phi12H8$ 的孔，你能根据零件的加工要求选择合适的钻床和刀具吗？（提示：可根据孔的大小和加工精度要求选择钻床和刀具。）

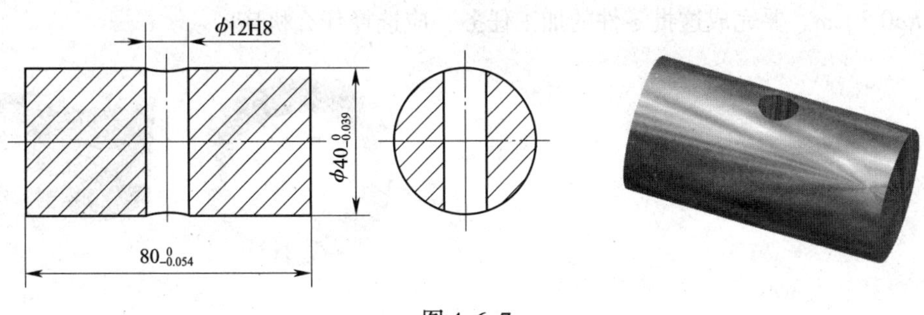

图 4–6–7

2. 图 4-6-8 所示为学生在进行钻孔操作，仔细观察图中内容，学生的操作符合钻床操作安全文明规范吗？如果有不符合的地方，请指出并提出改正方法。

图 4-6-8

§4-7　其他机床及其应用

学习引导

某企业接到加工任务，需完成图 4-7-1a 所示内齿轮的轮齿和图 4-7-1b 所示轴承外圈表面的精加工，轴承外圈表面已经淬硬处理，表面硬度较高，并且要求加工后表面粗糙度值能达到 $Ra0.8\ \mu m$。要完成这批零件的加工任务，应选择什么机床？

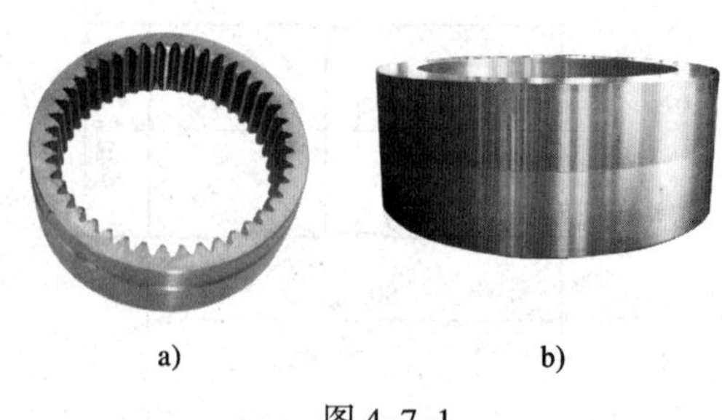

a)　　　　b)

图 4-7-1

a）内齿轮　b）轴承外圈

课堂练习

填写表 4–7–1 所列机床的运动和应用范围。

表 4–7–1

机床种类	主运动	回转运动	应用范围
刨床			
插床			
磨床			
镗床			

学习巩固

一、选择题（将正确答案的代号填写在括号内）

1. 刨削加工生产率低，因而常用于（　　）生产。
   A. 大批　　B. 小批
   C. 批量　　D. 大批、大量
2. 刨削加工时，刀具对工件的切削是（　　）。
   A. 连续的　　B. 间歇的
   C. 不连续的，且有冲击　　D. 高速连续的
3. 当刨削 T 形槽时，宜采用（　　）。
   A. 切刀　　B. 角度刀　　C. 弯头刀　　D. 偏刀
4. 利用插床进行插削加工，精度可达（　　）。
   A. IT7~IT5　　B. IT9~IT7　　C. IT11~IT9　　D. IT5~IT3
5. 双刃固定镗刀与双刃浮动镗刀相比，镗削时加工精度（　　）。
   A. 低　　B. 高　　C. 一样　　D. 无法比较

二、判断题（正确的打“√”，错误的打“×”）

1. 刨削是用刨刀对工件做水平相对直线往复运动的切削加工方法。（　　）
2. 牛头刨床的主运动为滑枕带动刀架（刨刀）的回转往复运动。（　　）
3. 龙门刨床从机床运动方面来看，其主运动是工作台带动工件的直线往复运动，而进给运动则是刨刀的横向或垂直间歇运动，这刚好与牛头刨床的运动相反。（　　）
4. 由于刨削的主运动是直线往复运动，刀具切入和切离工件时有冲击负载，因而限制了切削速度的提高。（　　）
5. 插床的主运动是滑枕（插刀）的直线往复运动。（　　）
6. 磨削是用磨具以较高的线速度对工件表面进行加工的方法。（　　）
7. 外圆磨床是用来加工工件的圆柱面、圆锥面或其他形状素线展成的外表面和轴肩端

面等的磨床。（ ）

8．内圆磨床是用来加工工件的圆柱面、圆锥面或其他形状素线展成的内孔表面及其端面等的磨床。（ ）

9．磨削时，砂轮高速旋转，工件则根据磨削方式不同做旋转运动、直线运动或其他更为复杂的运动。（ ）

10．磨削时，砂轮高速旋转，具有很高的圆周速度。目前，一般磨削的砂轮圆周速度可达 350 m/s，高速磨削时可达 500~850 m/s。（ ）

11．砂轮的特性由磨料、粒度、结合剂、硬度、组织、形状和尺寸、强度（最高工作速度）等要素来衡量。（ ）

12．镗床的主要工作除镗孔外，还可以进行钻孔、铰孔操作，以及用多种刀具进行平面、沟槽和螺纹的加工。（ ）

13．磨削加工除了用于零件精加工外，还可用于毛坯的粗加工。（ ）

14．砂轮的自锐作用可以使砂轮保持良好的磨削性能。（ ）

15．薄片砂轮除可以用来切断工件外，还可以用来磨削较宽的槽。（ ）

16．镗孔是以刀具的回转为主运动的加工，所以特别适合加工箱体、机架等大型工件上的孔。（ ）

三、填空题（将正确答案填写在横线上）

1．牛头刨床由________、________、________、________、________、________等主要部件组成。

2．刨床一般用于加工________、________、________、________、燕尾槽、V形槽等。

3．刨削的经济加工精度为________，表面粗糙度值可达 Ra________μm。

4．按用途不同，刨刀可分为________、________、________、________、________、样板刀等。

5．插床的结构类似于立式牛头刨床，其主要部件有床身、上滑座、下滑座、工作台、滑枕、立柱、变速箱和________等。

6．在插床上可以插削________、________、________、花键孔等。

7．平面磨床是利用砂轮旋转磨削工件，使其达到精度要求的磨床。常用的平面磨床按其砂轮轴线位置和工作台的结构特点不同，可分为________、________、________、________等。

8．磨削时，砂轮对工件表面除有切削作用外，还有强烈的________作用，产生大量热量。砂轮的导热性差，热量不易散发，导致磨削区域温度急剧升高（可达________），容易引起工件表面退火或烧伤。

9．卧式镗床的主要部件有________、________、________、________、________等。

10．镗孔的经济加工精度等级为________，表面粗糙度值可达 Ra________μm。

11．双刃浮动镗刀用于粗镗或半精镗直径大于________的孔。

四、应用题

1．查阅相关资料，说明表 4–7–2 所列机床的名称和主要功能。

表 4–7–2

图例	机床名称	主要功能

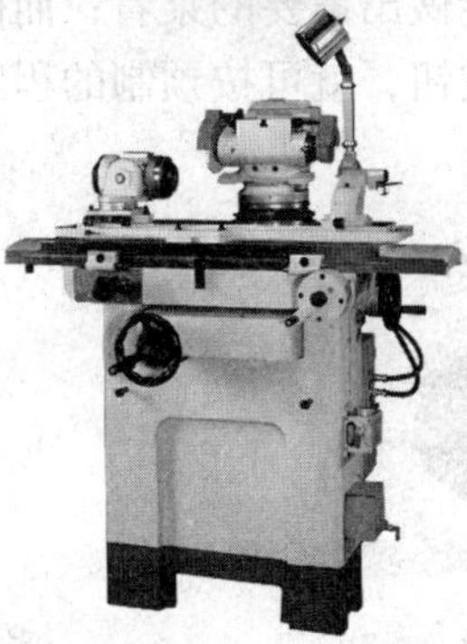		
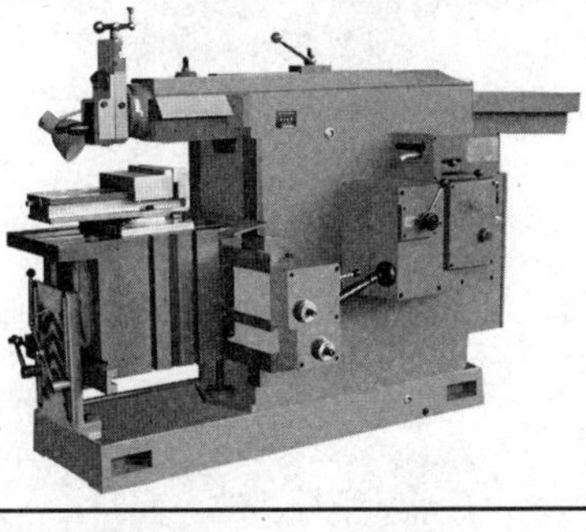		

2．请选择合适的机床完成如图 4–7–2 所示零件的加工。

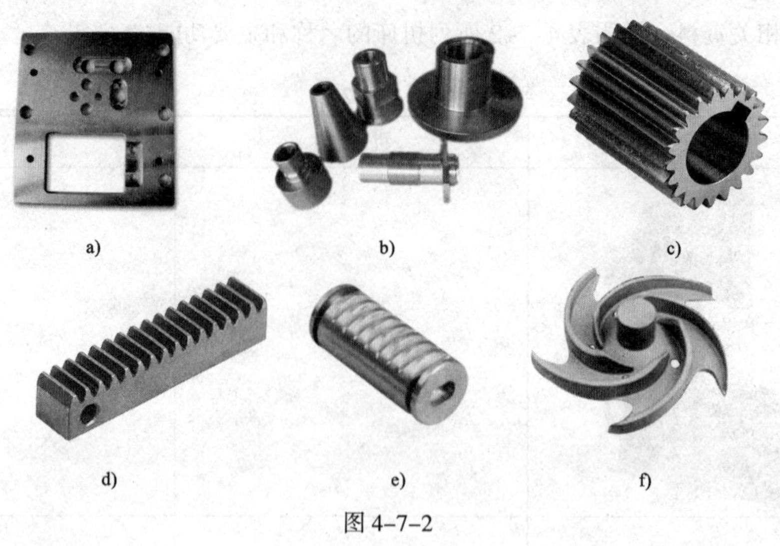

图 4–7–2

§4–8 数控机床及其应用

学习引导

1．微波炉是常见的家用电器，它分为微电脑式和机械式两种，如图 4–8–1 所示。机械式微波炉需要按烹饪菜肴的品种设定火力大小和加热时间，才能做出需要的菜肴；而微电脑式微波炉则只要根据所需烹饪菜肴的品种按下微波炉上的相应按钮，就可按预制的程序自动烹饪完成。机械加工是否也能按照预定的程序进行呢？

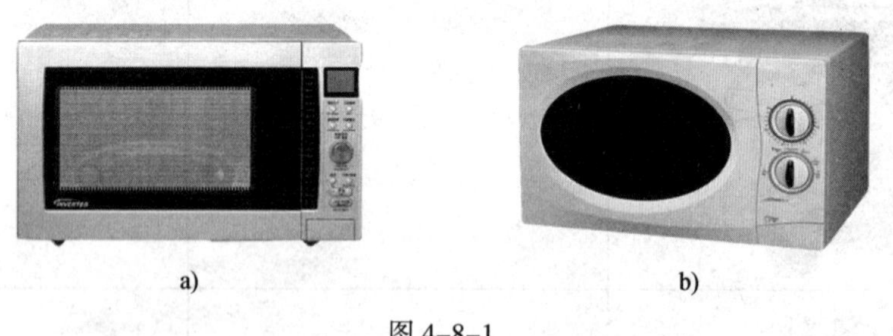

图 4–8–1

a）微电脑式微波炉　b）机械式微波炉

2．观察图 4–8–2 所示机床，你能说出数控机床与普通机床的区别吗？如果让你选择，你喜欢操作数控机床还是普通机床？简述理由。

图 4–8–2

a）车床　b）数控车床　c）铣床　d）数控铣床

课堂练习

1．数控机床由哪几部分组成？具有哪些加工特点？

2．“数控机床都是由电脑控制普通机床进行零件加工的”，这句话对吗？请简述你的观点。

学习巩固

一、选择题（将正确答案的代号填写在括号内）

1．数控即数字控制，是20世纪中期发展起来的一种用（　　）进行控制的自动控制技术。

A．数字信号　　B．脉冲信号　　C．正弦波　　D．模拟信号

2．伺服系统用于接收数控装置的指令，是数控系统的（　　）。

A．接收部分　　B．执行部分　　C．发射部分　　D．核心

3．由于数控机床在进给装置中采用了滚珠丝杠螺母机构，又增加了消除丝杠螺母间隙装置，故加工精度可达（　　），同时具有较好的质量稳定性。

A．0.005~0.1 mm　　B．0.001~0.5 mm

C．0.005~0.8 mm　　D．0.1~0.2 mm

4．在同一台数控机床中，使用相同刀具加工同一类零件，其走刀轨迹（　　），因此加工出来的零件质量比较稳定和可靠。

A．完全一致　　B．部分一致

C．不一致　　D．完全不一致

5．数控机床的主传动与进给传动采用各自独立的（　　），使传动链变得简单、可靠；同时，各电动机既可单独运动，也可多轴联动。

A．伺服电动机　　B．步进电动机

C．普通电动机　　D．交流电动机

二、判断题（正确的打“√”，错误的打“×”）

1．数控机床具有精度高、可加工复杂零件的特点。（　　）

2．数控机床就是用数字信号对机床的运动及其加工过程进行控制的机床。（　　）

3．数控加工是指在数控机床上进行零件加工的一种工艺方法。（　　）

4．数控机床一般由控制介质、数控装置、伺服系统、测量反馈装置和机床主体等组成。（　　）

5．伺服系统用于检测速度、位移以及加工状态，并将检测到的信息转化为电信号反馈给数控装置，通过比较计算出偏差，并发出纠正误差指令。（　　）

6．数控加工的实质是：数控机床按照事先编制好的加工程序，通过数字控制过程自动地加工工件。（　　）

7．数控车床是一种用于完成铣削加工或镗削加工的数控机床。（　　）

8．加工中心是指带有刀库（带有回转刀架的数控车床除外）和刀具自动交换装置的数控机床。（　　）

9．数控电火花成形机床是一种进行特种加工的机床，其工作原理与数控线切割机床类似。它对于形状复杂的模具及难加工材料的加工有其特殊优势。（　　）

10．测量反馈装置分为半闭环和闭环两种。（　　）

11．由于数控机床能够实现自动化或半自动化，在加工中操作者的主要任务是编制和输

入程序、装卸工件、准备刀具、观察加工状态等，因此操作者的劳动量大大降低。（　　）

12．数控机床按执行机构的控制方式分类，可以分为开环系统、半闭环系统和闭环系统。（　　）

13．数控加工的工作过程主要包括分析零件图样、工件的定位与装夹、刀具的选择与安装、编制数控加工程序、试运行或试切削、数控加工、工件的验收与质量误差分析等方面的内容。（　　）

14．数控铣床能加工轮廓形状特别复杂或难以控制尺寸的零件，如模具类零件和壳体类零件等。（　　）

15．加工中心按加工范围可分为车削加工中心、钻削加工中心、镗铣加工中心、磨削加工中心和电火花加工中心等。（　　）

16．加工中心大大减少了工件的装夹、测量和机床调整等辅助工序时间，减少了工件的周转、搬运和存放时间，其切削效率高出普通机床约 100 倍。（　　）

三、填空题（将正确答案填写在横线上）

1．数控机床一般由________、________、________、________、________组成。

2．数控装置是数控机床的核心，它能够完成信息的________、________、________、插补运算以及实现各种控制功能。

3．伺服系统包括________、________、________。

4．数控线切割机床的工作原理是利用两个不同极性的电极在绝缘液体中产生的______现象来去除材料，从而完成加工任务。

5．数控车床将编制好的________输入数控系统中，由数控系统通过车床坐标轴的伺服电动机去控制车床进给运动部件的动作顺序、移动量和进给速度，再配以主轴转速、转向、自动换刀系统，从而加工出各种形状的轴类或盘套类回转体零件。

6．________主要用于完成钻孔、攻螺纹等工作，是一种采用点位控制系统的数控机床，即控制刀具从一点到另一点的位置，而不控制刀具的移动轨迹。

7．数控铣床是机床设备中应用非常广泛的机床，可以铣削________、________、________、________，还可进行钻削、镗削、攻螺纹等孔加工。

8．加工中心是由机械设备与数控系统组成的用于加工________的高效率、自动化机床。

9．加工中心可使工件在一次装夹后，连续、自动完成多个平面或多个角度位置的________、________、________、________、攻螺纹、铣削等工序的加工，工序高度集中。

10．数控车床采用全封闭或半封闭防护装置，可防止________或________飞出，以防给操作者带来意外伤害。

四、应用题

1．观察学校的数控机床，写出它们的型号并按照用途分类。

2．绘制数控机床的组成框图。如果想要提高数控机床的精度，可以采取哪些措施？

3．数控机床具有加工精度高、效率高等特点，那它是不是可以完全取代普通机床呢？简述理由。

§4–9　特种加工与先进加工技术

学习引导

1．夏季雷雨天气时有发生，你注意观察过闪电吗（见图 4–9–1）？被闪电击中的地方，瞬时释放极大的能量，被击中的树木、房屋等会炸裂或起火。可见，雷电的威力是很强大的。那么，我们是否可以利用放电现象来进行金属加工呢？预习教材或查阅相关资料，了解电火花成形加工的原理。

图 4–9–1

2．翱翔在蓝天上的飞机让人类飞翔的梦想成为事实，你知道飞机机身外壳、机头罩壳（见图 4–9–2a）是采用什么方法进行切割加工的吗？模具是现代工业生产的基础工艺装备，利用模具（见图 4–9–2b）可生产饭盒、水杯等生活用品，同时，模具在汽车、摩托车、电子、通信、家电、仪器仪表、塑料制品、建材等众多制造业中也起着举足轻重的作用。你知道模具中那些淬硬的零部件是采用什么加工方法加工出来的吗？

a)　　b)

图 4–9–2

课堂练习

1. 在表 4–9–1 中填写常用特种加工方法的能量形式、适用范围及可加工材料。

表 4–9–1

特种加工方法	能量形式	适用范围	可加工材料
电火花成形加工			
电火花线切割加工			
电解加工			
激光加工			
离子束加工			
超声波加工			
高压水射流加工			

2. 在图 4–9–3 所示的工件上加工一条窄缝，如果由你来实施，你会选择哪种金属切削机床完成零件的加工任务？简述理由。

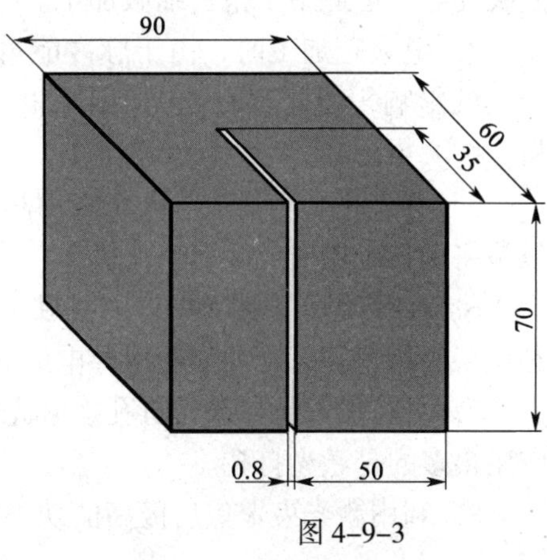

图 4–9–3

学习巩固

一、选择题（将正确答案的代号填写在括号内）

1.（　　）可加工圆孔、方孔、异形孔、微孔、弯孔、深孔及各种模具型腔，还可用于刻字、表面强化、涂覆加工等。

A．电火花成形机　　B．钻床

C．加工中心　　D．数控铣床

2．电火花成形加工在放电的细微通道中瞬时集中大量热能，温度可达（　　）℃以上，压力也急剧变化，从而使工件表面局部金属立刻熔化、气化，并爆炸式地飞溅到工作液中，迅速冷凝成金属微粒，被工作液带走。

A．50 000　　B．20 000　　C．10 000　　D．1 000

3．电火花小孔加工可加工直径为（　　）mm、长径比高达 300 的小孔，如喷嘴小孔、航空发动机气冷孔、辊筒和筛网上的小孔等。

A．0.5~3.0　　B．0.1~3.0　　C．0.01~0.30　　D．1~5

4．激光打孔的最小直径可达（　　）mm。

A．0.000 1　　B．0.001　　C．0.01　　D．0.1

5．超精密加工技术目前已进入纳米加工时代，加工精度可达（　　），表面粗糙度值可达 *Ra*0.004 5 μm。

A．0.025 mm　　B．0.002 5 μm

C．0.025 μm　　D．0.25 μm

二、判断题（正确的打“√”，错误的打“×”）

1．在特种加工中，电火花成形加工应用最为广泛，尤其是在模具制造、航空航天等领域占有极为重要的地位。（　　）

2．电火花加工中，因为放电通道中电流密度很大，局部区域内产生的高温足以熔化甚至气化任何导电材料，所以能够加工各种具有导电性能的硬、脆、软、韧性材料。（　　）

3．电火花加工时无切削力，适合加工小孔、薄壁、窄腔槽及各种复杂的型孔、型腔和曲线孔等，也适用于精密细微加工。（　　）

4．电火花加工时，由于脉冲能量间断地以极短的时间作用在工件上，整个工件几乎不受热的影响，因此有利于提高工件的加工精度和表面质量，也有利于加工热敏感性强的材料。（　　）

5．电火花线切割在电火花线切割机床上进行，其加工原理与电火花成形加工原理相同，只是将工具电极变成金属丝电极。（　　）

6．在传统切削加工中，刀具硬度必须比工件硬度大，而电火花线切割的电极丝材料不必比工件材料硬，可加工任何导电的固体材料。（　　）

7．去除加工包括激光打孔、激光切割以及激光动平衡去重、修整、划片、电阻微调等，应用最多的是激光打孔。（　　）

8．利用激光束聚焦后极高的功率密度，可以切割任何难加工的高熔点材料、高温材料、

高强度硬脆材料，如钛合金、镍合金、不锈钢以及各种非金属材料。（　　）

9．高压水射流加工是一种冷切割工艺，被加工材料的物理性能、力学性能及材质的晶体组织结构不会遭到破坏，可免除后续机械加工工艺。（　　）

10．激光加工的主要方式分为去除加工、改性加工和连接加工三种。（　　）

11．目前，高速切削铝合金的速度已超过 1 600 m/min，切削铸铁的速度已达到 1 500 m/min。超高速切削已成为加工一些难加工材料的途径。（　　）

三、填空题（将正确答案填写在横线上）

1．特种加工是采用非常规的切削加工手段，利用_________、_________、_________、_________、_________等物理及化学能量直接施加于被加工工件部位，达到去除材料、变形以及改变性能等目的的加工技术。

2．电火花成形加工是一种利用_________对导电材料进行电蚀以去除多余材料的加工方法，故又称为电蚀加工。

3．_________是实现制造过程自动化的基础，是自动化柔性系统的核心，是现代集成制造系统的重要组成部分。

4．电火花线切割加工利用移动的金属线（钼丝、铜丝或钨钼合金丝）作为_________，工件作为_________，并在金属线电极与工件电极之间通以脉冲电流，同时在两极间浇注矿物油、乳化油等具有一定绝缘性能的工作液，靠脉冲火花的电蚀作用完成工件的加工。

5．电火花线切割机床可分为_________电火花线切割机床和_________电火花线切割机床两大类。

6．电火花线切割加工由于放电的时间很短（10^{-6}~10^{-4} s），放电的间隙小（0.1 mm 左右）且发生在放电区的小点上，能量高度集中，放电区温度高达_________℃，因此会使工件上的金属材料熔化甚至气化。

7．激光加工是 20 世纪 60 年代发展起来的技术，它利用_________通过透镜聚焦后达到很高的能量密度，依靠光热效应来加工各种材料。

8．激光加工属于_________，没有明显的机械力，没有工具损耗，可加工易变形的薄板和橡胶零件等弹性零件。

9．激光加工几乎可以加工任何固体材料，如_________、_________、_________、_________、金刚石等。

10． 高速加工技术是指采用_________的刀具与磨具，能可靠地实现高速运动的自动化制造设备，可极大地提高材料切除率并保证加工精度和加工质量的现代制造加工技术。高速加工目前主要用于难加工材料、复杂曲面的加工等。

11． 数字控制加工技术简称数控加工技术，是近代发展起来的一种自动控制技术，是典型的_________、_________、_________、计算机和检测等密切结合的机电一体化高新技术。

四、应用题

生产中常需要加工一些特殊的零件，请根据以下要求选择合适的特种加工方法。

1. 材质为淬硬的钢板，需切割成符合图样要求的轮廓，如图 4–9–4 所示。

图 4–9–4

2. 材质为铝合金板，需按图样要求加工出复杂的轮廓，如图 4–9–5 所示。

图 4–9–5

3. 材质为钢板，需按图样要求加工出具有复杂形状的型腔，如图 4–9–6 所示。

图 4–9–6

第5章　机械加工工艺基础

§5-1　生产过程的基础知识

学习引导

你削过苹果吗？如图5-1-1所示，需要将苹果削皮并切成块状，请你试着完成这一任务并说明削苹果的步骤和要求。如果要加工一个金属苹果模型，应包含哪些加工过程？加工过程中的切削用量应如何选择呢？（提示：可参考图5-1-2，制定削苹果的工艺过程。）

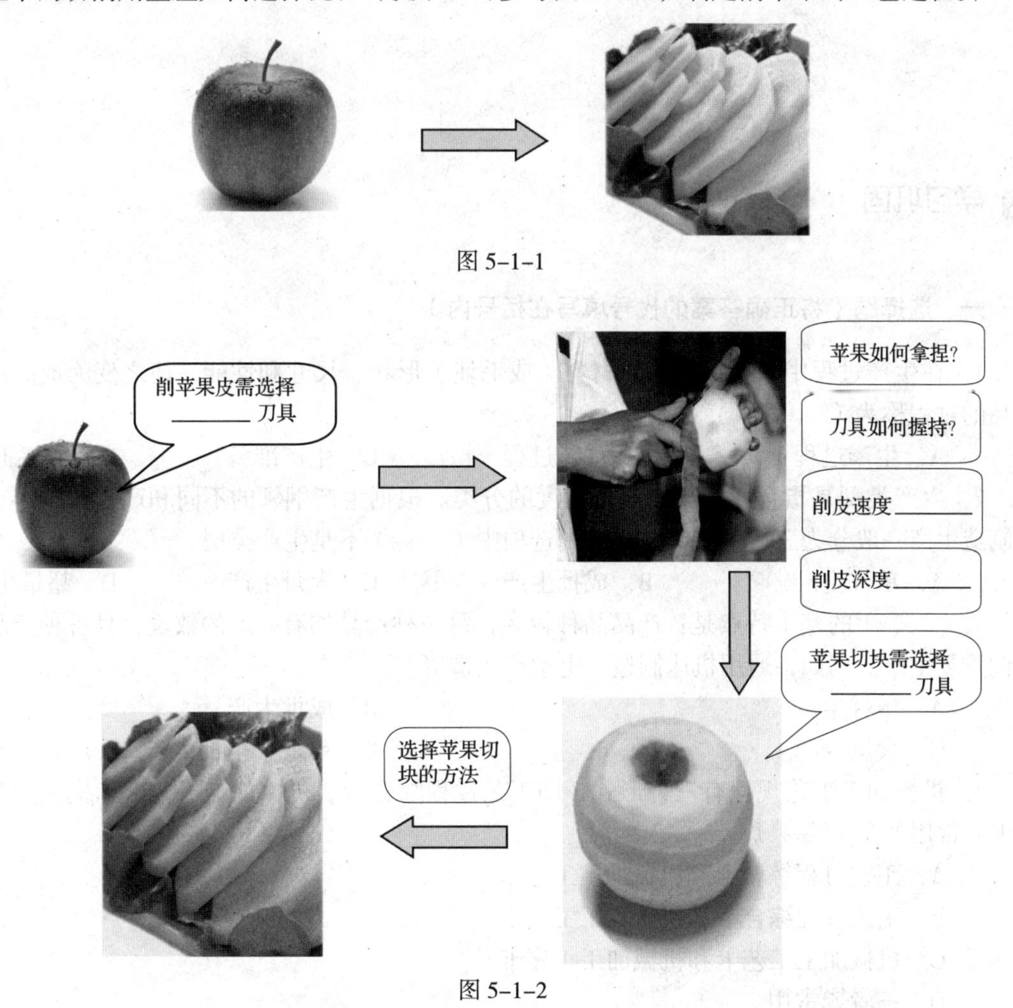

图5-1-1

图5-1-2

课堂练习

1. 简述工艺过程的组成，并说明生产过程与工艺过程之间的关系。

2. 如何识读生产工艺卡？生产工艺卡对企业生产具有哪些实际意义？

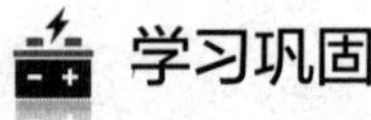

学习巩固

一、选择题（将正确答案的代号填写在括号内）

1. 在生产过程中，直接改变原材料（或毛坯）形状、尺寸和性能，使之变为成品或半成品的过程称为（　　）。

A. 生产过程　　B. 工艺过程　　C. 生产准备　　D. 加工工艺

2. 生产类型是指企业生产专业化程度的分类。根据生产纲领的不同和产品的大小，机械制造生产一般分为三种生产类型，下列选项中（　　）不是生产类型。

A. 单件生产　　B. 成批生产　　C. 大量生产　　D. 超量生产

3.（　　）的基本特点是：产品品种较多，每一种产品均有一定的数量，且各种产品周期性重复生产。例如，通用机床制造、电动机制造等。

A. 单件生产　　B. 成批生产

C. 大量生产　　D. 单件、小批生产

4. 机械加工工艺规程有三种形式，即工艺过程综合卡、机械加工工艺卡和机械加工工序卡。常用的是（　　）。

A. 工艺过程综合卡和机械加工工序卡

B. 工艺过程综合卡和机械加工工艺卡

C. 机械加工工艺卡和机械加工工序卡

D. 三者皆常用

5. 下列生产过程中，(　　) 不属于工艺过程。

A. 锻造、冲压工艺过程　　B. 焊接工艺过程

C. 机械加工工艺过程　　D. 产品设计过程

6. 中型零件年产 300 件属于 (　　)。

A. 小批生产　　B. 中批生产

C. 大批生产　　D. 大量生产

二、判断题（正确的打“√”，错误的打“×”）

1. 将原材料转变为成品的全过程称为生产过程。生产过程错综复杂，不仅包括直接作用于生产对象上的工作，而且包括生产准备工作和生产辅助工作。(　　)

2. 机械加工工艺规程是指规定零件机械加工工艺过程和操作方法等的工艺文件。(　　)

3. 工艺过程包括若干道工序，每道工序又分为若干安装、工位、工步、走刀。(　　)

4. 零件的生产纲领主要是指包括备品与废品在内的季度产量。(　　)

5. 单件生产的基本特点是：产品品种繁多而数量极少，甚至只有一件或少数几件，且很少重复生产。例如，新产品试制、专用设备制造等。(　　)

6. 由于工艺过程是指间接作用于生产对象上的那部分工作过程，因此工艺过程在生产过程中占有重要地位。(　　)

7. 在单件生产过程中，非必要时不采用专用夹具和特种工具。(　　)

8. 大量生产时，除有较详细的工艺过程外，对重要零件的关键工序需要详细说明工序操作内容。(　　)

三、填空题（将正确答案填写在横线上）

1. 岗位工人的加工依据是__________简图，它明确了本工序的主要任务和要求，并能指导岗位工人合理选用定位基准。

2. 确定工时定额一般是根据各工序加工余量和工序__________要求。

3. 划分工序的主要依据是__________是否改变和__________是否连续完成。

4. 机械加工工艺卡一般在__________生产中应用，主要用于指导工人进行生产。

5. 机械加工工艺卡是以__________为单位，简要说明零件加工过程的工艺文件，主要用于__________管理，作为生产准备、编制生产计划和组织生产的依据。

6. 机械加工工序卡是针对机械加工工艺卡中的某一道__________制定的。卡片上要画出__________简图，并注明该工序每一道工步的内容、工艺参数、操作要求以及工艺装备等。

7. 不同的生产类型决定了不同的__________，对生产组织、生产管理、工艺装备、加工方法等都有不同的要求，以达到优质、高产、低耗和安全的目的。

8. 零件的生产纲领是根据市场需求量与本企业的__________能力来确定的。

9. 轻型零件年产 3 000 件属于__________。

10. 在一个工步中，若所需切去的金属层很厚，可分几次切削，每一次切削称为__________。

四、术语解释

1. 工序

2. 安装

3. 工位

4. 工步

五、应用题

生产中加工如图 5–1–3 所示零件，该零件从毛坯到成品所采用的加工方法主要有车外圆、车前后端面、铣削槽、钻孔 1、钻孔 2。在这个零件的加工中一共有几道工序？车削和钻削加工分别有几个工步？

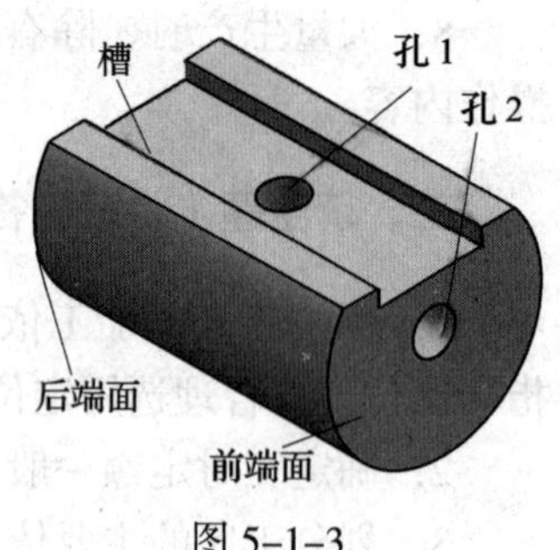

图 5–1–3

§5–2 表 面 加 工

学习引导

1. 你能辨认图 5–2–1 所示零件的表面各属于什么类型的表面吗？

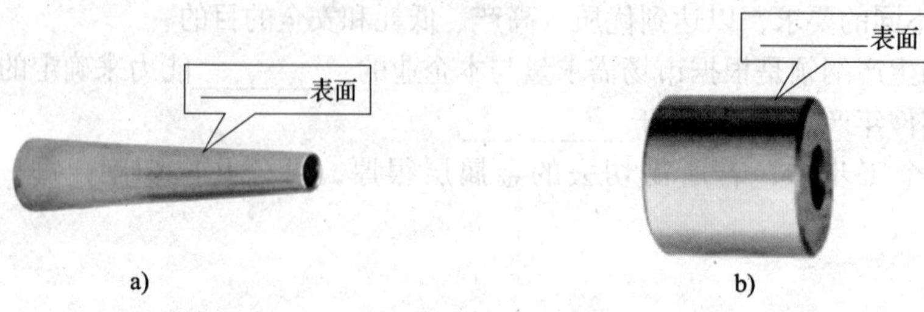

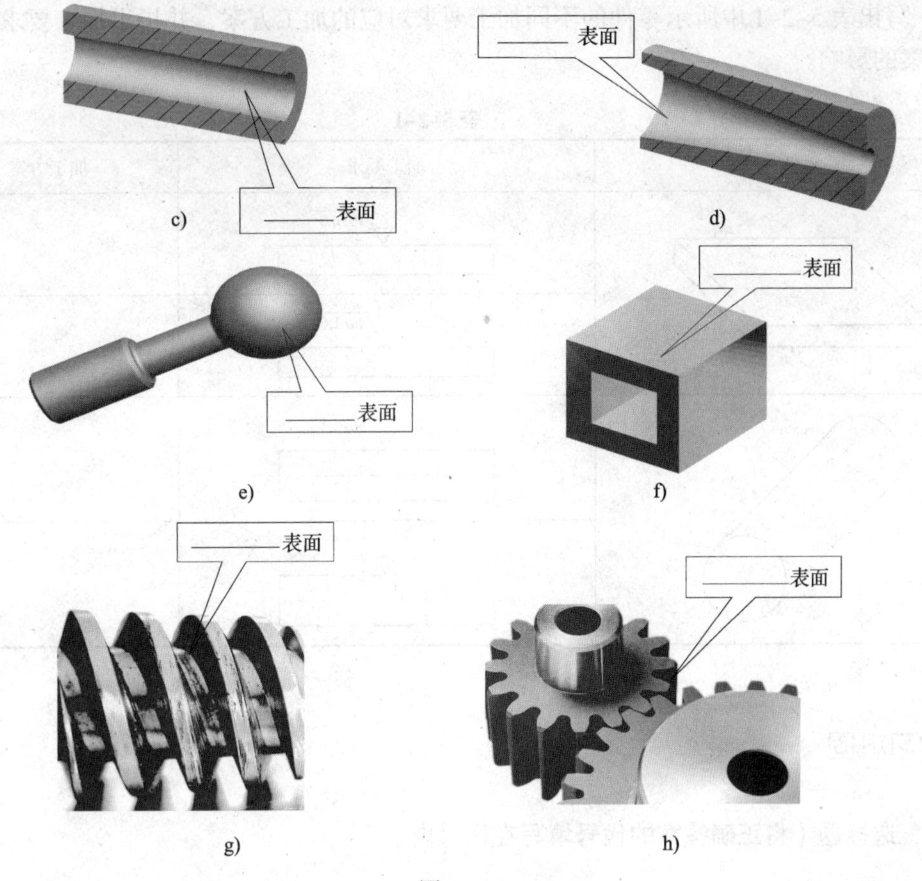

图 5–2–1

2. 如图 5 2–2 所示零件，要完成图中标记表面的加工需要采用什么样的加工方法？

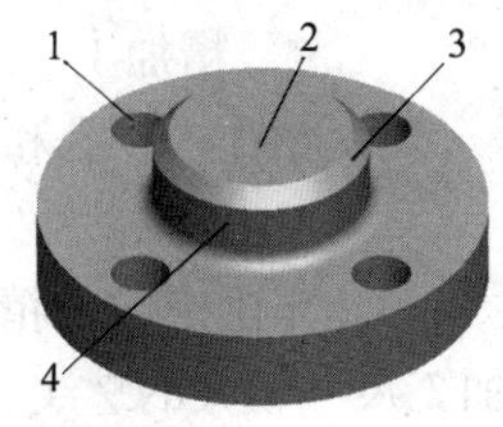

图 5–2–2

课堂练习

1. 举例说明实习中所使用的机床都可以完成哪些典型表面的加工。

2. 写出表 5-2-1 中所示零件的不同加工要求对应的加工方案，并指出加工要求对制定加工方案的影响。

表 5-2-1

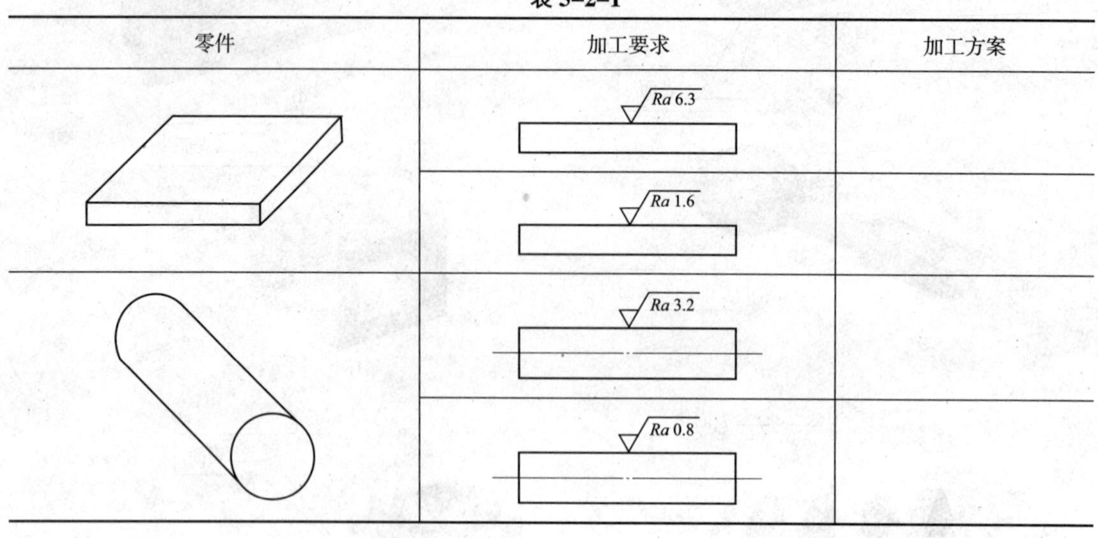

零件	加工要求	加工方案
	Ra 6.3	
	Ra 1.6	
	Ra 3.2	
	Ra 0.8	

学习巩固

一、选择题（将正确答案的代号填写在括号内）

1. 外圆面加工的主要方法是车削和磨削，车削常用于粗加工和半精加工，磨削则主要用于（　　）。

A. 粗加工　　B. 半精加工

C. 精加工　　D. 以上都可以

2. 钻孔、扩孔和铰孔是加工（　　）的常用方法。

A. 大孔　　B. 小孔　　C. 高精度孔　　D. 低精度孔

3. 车削螺纹的精度为 IT（　　）级，表面粗糙度值可达 Ra1.6~0.8 μm。车削螺纹适合加工尺寸较大的螺纹。

A. 5　　B. 6　　C. 7　　D. 8

4. 滚齿是齿形加工方法中生产率较高、应用最广的一种，可直接加工 IT8~IT7 级精度的齿轮，齿面的表面粗糙度值可达 Ra（　　）μm。

A. 3.2~1.6　　B. 6.3~3.2　　C. 1.6~0.8　　D. 0.4~0.2

5. 拉孔的经济加工精度等级为（　　），表面粗糙度值可达 Ra1.6~0.1 μm，加工质量稳定，生产率高。

A. IT9~IT7　　B. IT8~IT7　　C. IT9~IT8　　D. IT10~IT9

6. 磨削螺纹是利用磨削对螺纹进行精加工的方法，螺纹经车削或铣削的粗加工和半精加工后，选择磨削完成精加工，以实现最终的精度要求。它常用于淬硬螺纹或不淬硬螺纹的精加工，经济加工精度等级为 IT4 级，表面粗糙度值可达 Ra（　　）μm。

A．0.6~0.4　　B．0.8~0.4　　C．0.4~0.1　　D．0.4~0.2

二、判断题（正确的打“√”，错误的打“×”）

1．粗加工阶段的主要任务是切除工件各加工表面的大部分加工余量，精加工阶段的主要任务是提高生产率。（　　）

2．半精加工阶段的主要任务是达到一定的精度要求，完成次要表面的最终加工，并为主要表面的精加工做好准备。（　　）

3．粗加工阶段的主要任务是确保零件质量，完成各主要表面的最终加工，使零件的尺寸精度和表面质量达到图样规定的要求。（　　）

4．加工阶段的划分，对于零件上各个表面的加工并不一定同步，有的表面在粗加工阶段就可加工至要求，有的表面可能不经粗加工而在半精加工或精加工阶段一次加工完成，一些表面的最终加工可在半精加工阶段进行。（　　）

5．铣齿是用成形齿轮铣刀在铣床上直接切制轮齿的方法。（　　）

6．拉刀结构复杂，加工时以孔本身定位，不能修正孔的轴线，不能加工阶梯孔和盲孔。（　　）

7．当采用车削、镗削加工不能保证零件孔加工的精度和表面质量要求时，磨削是一种比较理想的内圆面加工方法。（　　）

8．旋风铣削螺纹是通过与普通车床相配套的高速铣削螺纹装置，用装在高速旋转刀盘上的硬质合金成形刀，在工件上铣削出螺纹的加工方法。（　　）

9．车削螺纹的经济加工精度等级为IT6级，表面粗糙度值可达Ra1.6~0.8 μm。车削螺纹适合加工尺寸较小的螺纹。（　　）

10．攻螺纹和套螺纹是加工尺寸较小的内、外螺纹常用的方法。（　　）

三、填空题（将正确答案填写在横线上）

1．影响表面加工方法选择的因素有________、________及其________和________，以及零件的________、________、________、__________等。

2．为了保证零件的尺寸精度，充分利用机床设备，对于尺寸精度要求较高、结构和形状较复杂、刚度较差的零件，其切削加工过程应划分阶段，一般分为__________、__________和__________三个阶段。

3．外圆面的车削主要分为__________、__________、__________和__________四个阶段。

4．__________是箱体、机座和工作台等零件的主要表面，也是其他零件的组成表面。加工方法有车削、刨削、铣削、磨削、刮削和研磨等，其中__________、__________和__________是主要的加工方法。

5．螺纹是零件上常见的表面之一，分为__________和__________两类。

6．螺纹的加工方法主要有__________和__________、________、________、________、__________等。

7．图5-2-3a所示的加工方法为__________，图5-2-3b所示的加工方法为__________。

a)

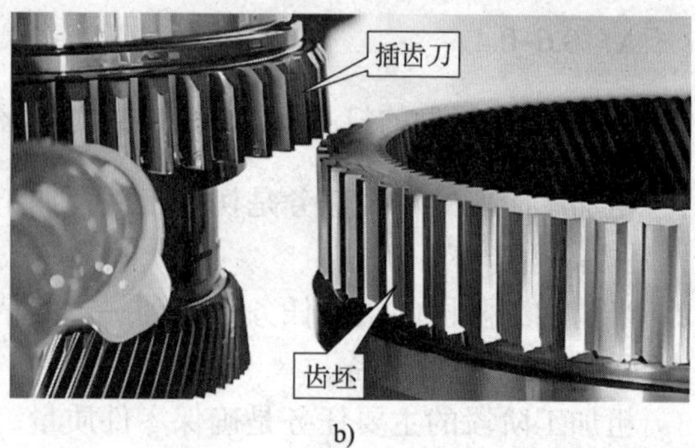

b)

图 5–2–3

8．图 5–2–4a 所示的加工方法为__________，图 5–2–4b 所示的加工方法为__________。

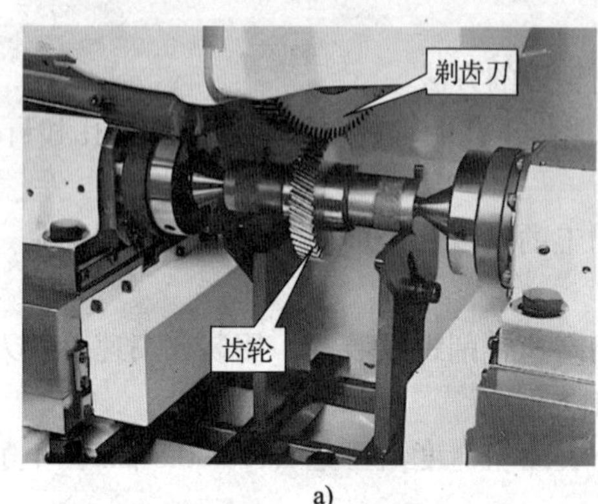

a)

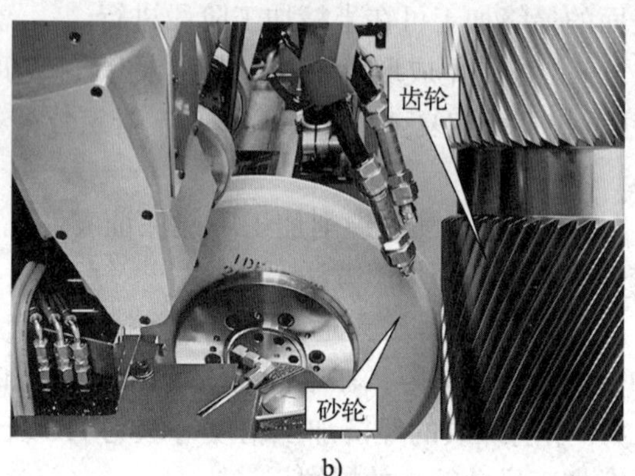

b)

图 5–2–4

9．滚压螺纹是一种使材料在常温条件下产生塑性变形而形成螺纹的__________。

10．滚压螺纹通常有两种加工方式：__________和__________。

四、应用题

1．请制定加工图 5–2–5 所示零件的加工方案，零件材料为锡青铜。

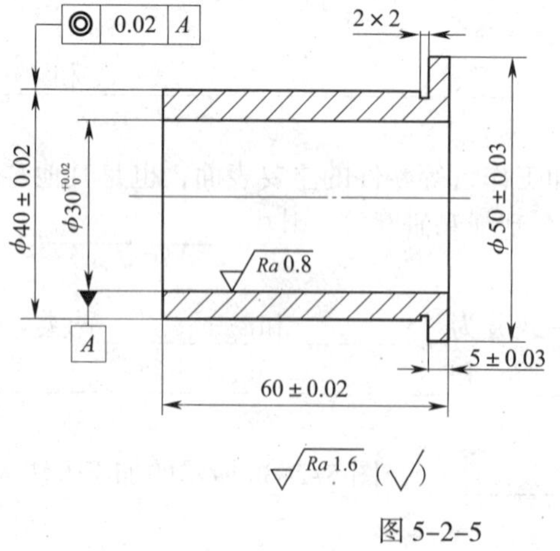

图 5–2–5

（1）试制定 $\phi40\pm0.02$ mm 外圆面加工方案。

（2）试制定 $\phi30^{+0.02}_{0}$ mm 内圆面加工方案。

2．通过本节的学习，我们掌握了典型表面的加工方法。那么，在工件的加工中，是否应完全按照典型表面的加工方案一步一步来进行加工呢？这样效率高吗？若不高，应如何解决呢？

§5-3 典型零件加工

学习引导

如图 5-3-1 所示的零件是由不同的表面组成的，这个零件的加工需要采用几种加工方法？加工中应按什么样的步骤进行？

图 5-3-1

课堂练习

1．选择精基准时，主要考虑如何保证零件的加工精度。选择精基准一般应遵循哪些原则？

2．总结典型零件的加工工艺。

学习巩固

一、选择题（将正确答案的代号填写在括号内）

1. 采用三爪自定心卡盘装夹工件外圆表面（细长轴可采用顶尖进行辅助支承），通过限位支承防止工件加工时产生轴向位移，适用于（　　）场合。

A. 粗加工　　B. 精加工

C. 半精加工　　D. 以上都可以

2. 若轴承套的材料为铸铁，形状简单，精度要求中等，但内孔尺寸较大，毛坯可选用（　　）。

A. 铸铁棒料　　B. 铸铁条料

C. 焊接棒料　　D. 以上都可以

3. 在选择粗基准一般应遵循的原则中，下列选项（　　）是错误的。

A. 选择不重要表面为粗基准

B. 选择加工余量小的表面为粗基准

C. 选择不加工且与加工表面有相互位置精度要求的表面为粗基准

D. 选择比较平整、光滑、面积足够大的表面为粗基准，不允许有锻造飞边和铸造浇道、冒口或其他缺陷，以确保定位准确、夹紧可靠

4. 选择精基准时，主要考虑如何保证零件的加工精度。在选择精基准一般应遵循的原则中，下列选项（　　）是错误的。

A. 基准重合原则。尽可能把设计基准作为定位基准，以免定位基准与设计基准不重合而引起定位误差

B. 基准统一原则。选择一个定位基准来加工尽可能多的表面，以保证各加工表面的位置精度

C. 互为基准原则。对于零件上两个相互位置精度要求较高的表面，采取互相作为定位基准、反复进行加工的方法来保证精度要求

D. 自为基准原则。有些粗加工工序为了保证加工质量，要求加工余量小而均匀，利用加工面自身作为定位基准

二、判断题（正确的打“√”，错误的打“×”）

1. 设计图样上所采用的基准称为工艺基准，它是根据零件的工作条件和性能要求加以确定的。（　　）

2. 零件加工和装配过程中所采用的基准称为设计基准。按用途不同，它可分为工序基准、定位基准、测量基准和装配基准。（　　）

3. 现有传动轴的材料为 45 钢，形状简单，精度要求中等，各段轴颈直径尺寸相差较大，故选用锻件毛坯。（　　）

4. 传动轴采用锻件毛坯，加工前应安排退火热处理，以便消除毛坯的内应力和改善材料的切削性能。（　　）

5. 加工时按照工件表面的形状就可确定加工方法。（　　）

三、填空题（将正确答案填写在横线上）

1. 根据基准的应用场合和功用不同，基准可分为________和________两大类。

2. 按照工序性质和作用不同，定位基准可分为________和________。

3. 轴类零件是机械设备中最主要和最基本的零件，主要用于________和________，并保证装在轴上的零件（或刀具）具有一定的________。

4. 套类零件在机械产品中通常起________或________作用，套类零件按其功用不同可分为____________、____________和____________。

5. 用来确定生产对象上几何要素之间的几何关系所依据的那些点、线、面称为________。

6. ________是机器的基础零件之一，主要用于将一些轴、套和齿轮等零件组装在一起，使其保持正确的相互位置，并按照一定的传动关系协调地运动。

7. ________的箱体部件，通过箱体的基准平面安装在机器上，因此，箱体零件的加工质量相对于箱体部件装配后的精度来说至关重要。

四、应用题

1. 在零件加工过程中，我们选择零件的设计基准作为零件加工的工艺基准，请说明这样做的理由。

2. 通过本节的学习，我们掌握了典型零件的加工工艺。这些加工工艺适用于所有的零件加工吗？典型零件的加工工艺是唯一和固定的吗？简述理由。